Wissenschaftliche Taschenbücher WTB

Chemie

Werner Döpke

Stereochemie organischer Verbindungen

Akademie-Verlag · Berlin

WERNER HABERDITZL
Magnetochemie

HARRY PAUL
Lasertheorie, Teil I und II

D. TER HAAR
Quantentheorie

J. H. SANDERS
Die Lichtgeschwindigkeit

JEAN KUNTZMANN
Unendliche Reihen

JEAN KUNTZMANN
Systeme von Differentialgleichungen

JEAN KUNTZMANN
Komplexe Veränderliche

FERDINAND CAP
Einführung in die Plasmaphysik
I. Theoretische Grundlagen

FERDINAND CAP
Einführung in die Plasmaphysik
II. Wellen und Instabilität

FERDINAND CAP
Einführung in die Plasmaphysik
III. Magnetohydrodynamik

J. A. ROSANOW
Wahrscheinlichkeitstheorie

HARRY PFEIFER
Theorie linearer Bauelemente
Elektronik für den Physiker I

HARRY PFEIFER
Die Elektronenröhre
Elektronik für den Physiker II

HARRY PFEIFER
Schaltungen mit Elektronenröhren
Elektronik für den Physiker III

HARRY PFEIFER
Leitungen und Antennen
Elektronik für den Physiker IV

HARRY PFEIFER
Mikrowellenelektronik
Elektronik für den Physiker V

HARRY PFEIFER
Halbleiterelektronik
Elektronik für den Physiker VI

STEPHEN G. BRUSH
Kinetische Theorie,
Teil I und II

EBERHARD HOFMANN
Eiweiße und Nucleinsäuren als biologische Makromoleküle
Dynamische Biochemie, Teil I

EBERHARD HOFMANN
Enzyme und energieliefernde Stoffwechselreaktionen
Dynamische Biochemie, Teil II

EBERHARD HOFMANN
Intermediärstoffwechsel
Dynamische Biochemie Teil III

EBERHARD HOFMANN
Grundlagen der Molekularbiologie und Regulation des Zellstoffwechsels
Dynamische Biochemie, Teil IV

HERBERT GOERING
Elementare Methoden zur Lösung von Differentialgleichungsproblemen

PETER KRUMBIEGEL
Isotopieeffekte

D. M. BRINK
Kernkräfte

DIETER ONKEN
Steroide

DIETER KLAUA
Elementare Axiome der Mengenlehre
Einführung in die Allgemeine Mengenlehre I

GÜNTER TEMBROCK
Grundlagen der Tierpsychologie

J. P. VINSON
Optische Kohärenz in der klassischen Theorie und in der Quantentheorie

W. R. HINDMARSH
Atomspektren

GÜNTER TEMBROCK
Biokommunikation
Informationsübertragung im biologischen Bereich
Teil I und II

DIETER MERKEL
Riechstoffe

JOHN CUNNINGHAM
Vektoren

ERNST SCHMUTZER
Symmetrien und Erhaltungssätze der Physik

GERHARD LERCH
Pflanzenökologie

MICHAEL GÖSSEL
Angewandte Automatentheorie, Band I

MICHAEL GÖSSEL
Angewandte Automatentheorie, Band II

HEINRICH KINDLER
Der Regelkreis

A. R. KESSEL
Akustische Kernresonanz

WOLFRAM BRAUER / HANS-WALDEMAR STREITWOLF
Theoretische Grundlagen der Halbleiterphysik

HARRY PAUL
Nichtlineare Optik, Teil I und II

DIETER KLAUA
Grundbegriffe der axiomatischen Mengenlehre
Teil 1 und 2
Einführung in die Allgemeine Mengenlehre II

E. G. GOLSTEIN
Konvexe Optimierung

EBERHARD TEUSCHER
Pharmakognosie, Teil I und II

SIEGFRIED HAUPTMANN
Über den Ablauf organisch-chemischer Reaktionen

A. S. SONIN / B. A. STRUKOW
Ferroelektrizität

L. A. SKORNJAKOW
Elemente der Verbandstheorie

HANS-MARTIN BARCHET
Chemie photographischer Prozesse

R. A. R. TRICKER
Frühe Elektrodynamik

N. D. SHEWANDROW
Polarisation des Lichtes

A. A. SMIRNOW
Metallphysik

VOLKER KEMPE
Theorie stochastischer Systeme

ROLF BORSDORF / MANFRED SCHOLZ
Spektroskopische Methoden in der organischen Chemie

KLAUS ODENING
Parasitismus

WOLFGANG PAULI
Vierpoltheorie und ihre Anwendung auf elektrische Schaltungen

DIETER KLAUA
Kardinal- und Ordinalzahlen, Teil 1 und 2
Einführung in die Allgemeine Mengelehre III

R. A. R. TRICKER
Die Beiträge von Faraday und Maxwell zur Elektrodynamik

HANS DAWCZYNSKI
Temperaturbeständige Faserstoffe aus organischen Polymeren

HANS DAWCZYNSKI
Temperaturbeständige Faserstoffe aus anorganischenPolymeren

HELMUT FRIEMEL / JOSEF BROCK
Grundlagen der Immunologie

HORST KEHLEN / FRANK KUSCHEL / HORST SACKMANN
Grundlagen der chemischen Kinetik

HANS BERGNER
Tierernährung

MARTIN SCHMIDT
Pflanzenschutz im Gartenbau

GERALD WOLF
Neurobiologie

ULRICH SEDLAG
Biologische Schädlingsbekämpfung

WOLFGANG WAGNER
Chemische Thermodynamik

HANNELORE FISCHER / JOACHIM PIEHLER
Modellsysteme der Operationsforschung

ALBERT EINSTEIN
Grundzüge der Relativitätstheorie

ALBERT EINSTEIN
Über die spezielle und die allgemeine Relativitätstheorie

MICHAEL GÖSSEL
Wahrscheinlichkeitsautomaten und Zufallsfolgen

HANS-JÜRGEN TREDER
Elementare Kosmologie

P. PAUFLER / D. LEUSCHNER
Kristallographische Grundbegriffe der Festkörperphysik

PAUL HOFFMANN
Photosynthese

WOLFGANG MEILING
Kernphysikalische Elektronik

WERNER DÖPKE
Stereochemie organischer Verbindungen

Vorschau auf die nächsten Bände:

SIEGFRIED BREHMER
Einführung in die Maßtheorie

HARRY PFEIFFER
Schaltungen mit Transistoren
Elektronik für den Physiker VII

FERDINAND CAP
Einführung in die Plasmaphysik
I. Theoretische Grundlagen

VOLKER KEMPE
Analyse stochastischer Systeme, Teil 1

I. S. SHELUDEW
Elektrische Kristalle

WTB

BAND 151

Werner Döpke

Stereochemie organischer Verbindungen

AKADEMIE-VERLAG · BERLIN

Reihe CHEMIE

Herausgegeben im Auftrage
der Akademie der Wissenschaften der DDR

von
Prof. Dr. H. Klare, Berlin
Prof. Dr.-Ing. Dr. h. c. E. Leibnitz, Berlin
Prof. Dr.-Ing. habil. Dr. rer. nat. h. c. K. Schwabe, Meinsberg
Prof. Dr. Dr. h. c. E. Thilo, Berlin

Verantwortlicher Herausgeber dieses Bandes:
Prof. Dr.-Ing. Dr. h. c. E. Leibnitz

Verfasser:
Dr. habil. Werner Döpke

1975

Lizenznummer: 202 · 100/500/75
Herstellung: VEB Druckhaus „Maxim Gorki", 74 Altenburg
Bestellnummer: 7621314 (7151) · LSV 1274
Printed in GDR
EVP 8,–

Vorwort

Das Interesse an stereochemischen Problemen hat ganz zweifellos in den letzten Jahren zugenommen, da einerseits die synthetisch arbeitenden Chemiker zur Kenntnis nehmen mußten, daß ihre Syntheseprodukte nicht immer die erwarteten pharmakologischen Erfolge aufwiesen und andererseits der strukturaufklärende Chemiker eine Reihe von Verbindungen mit Hilfe moderner Methoden erneut untersuchen mußte, da die aus klassischen Verfahren abgeleiteten Raumstrukturen nicht immer den wirklichen Aufbau wiederzugeben vermochten. Damit vollzog auch in den Betrachtungen der möglichen Reaktionsabläufe, sowohl bei den Synthesen als auch den Abbaureaktionen ein Wandel. So wird verständlich, daß in den vergangenen Jahren auf dem Gebiet der Stereochemie und der Konformationsanalyse zahlreiche Monographien, zusammenfassende Darstellungen und ausführliche Beschreibungen sowohl der Stereochemie von offenkettigen als auch der von ringförmigen Verbindungen erschienen sind, zumal mit Hilfe moderner physikalischer Meßmethoden eine Fülle von neuen Erkenntnissen auf diesem Gebiet gesammelt werden konnten.

Das vorliegende Taschenbuch stellt einen Versuch dar, die Komplexizität dieses interessanten und sowohl für den Organiker als auch Anorganiker, Biologen und Pharmazeuten hochaktuellen Gebietes, in Einzelkapiteln darzustellen, die wichtigsten Begriffe einzuführen und das System der Konfigurations-Nomenklatur abzuleiten.

Wegen dieses rein praktischen Anliegens wurden die theoretischen Begründungen für die einzelnen Phänomene bewußt kurz dargestellt oder fortgelassen.

Das Taschenbuch wendet sich daher an fortgeschrittene Studenten der Chemie, Pharmazie und Biologie, an Chemiker, Pharmazeuten, Pharmakologen und Molekularbiologen und schließlich an alle, die sich über das Gebiet der Stereochemie kurz informieren wollen.

Berlin, Juni 1973 *W. Döpke*

Inhalt

1.	Geschichtliches	9
2.	Geometrische und optische Isomerie	11
3.	Optische Isomerie	13
4.	Bestimmung der spezifischen Drehung und Molekularrotation	15
5.	Bedingungen für das Auftreten optischer Isomerie	16
6.	Chiralität	22
7.	Chiralität und asymmetrische C-Atome	24
8.	Kennzeichnung der optischen Isomere	27
9.	FISCHER-Projektion und ihre Anwendung	29
10.	Verbindungen mit mehreren asymmetrischen C-Atomen	31
11.	*erythro* und *threo*-Formen	32
12.	Der Begriff der Diastereoisomerie	34
13.	Konfigurationszuordnung einer Verbindung mit mehreren Asymmetriezentren	35
14.	Das pseudosymmetrische C-Atom	38
15.	Racematformen	39
16.	Der Begriff der Konfiguration	40
16.1.	Bezeichnungsweise	41
17.	Die CAHN-INGOLD-PRELOG-Konvention	46
17.1.	Sequenzregel	47
18.	Konfiguration am Stockstoffatom; Zusatzregeln	57
19.	Axiale Chiralität und planare Chiralität	59
20.	Chiralität und Helizität	62
21.	Der Begriff der absoluten Konfiguration	64
22.	Ermittlung der relativen Konfiguration mit Hilfe chemischer Methoden	67
23.	Reaktionen mit Nachbargruppenbeteiligung	71
24.	Ermittlung der Konfiguration durch physikalische Methoden	73

25. Das Prinzip der kinetischen Racematspaltung zur Ableitung der Konfiguration 74
26. Ableitung der Konfiguration durch Vergleich des optischen Drehvermögens 77
27. Methode der Molekularrotationsdifferenzen; optische Rotationsdispersion und Circulardichroismus 80
27.1. Bestimmung der absoluten Konfiguration 90
28. Bestimmung der Konformation 91
29. Der Begriff der Konformation 93
30. Untersuchungsmethoden für Konformationsisomere 99
31. Konformation von ringförmigen Verbindungen . . . 102
31.1. Der Drei- und Vier-Ring 102
32. Das Fünfring-System 106
33. Das Sechsring-System 108
33.1. Monosubstitutionsprodukte des Cyclohexans 114
33.2. Disubstitutionsprodukte des Cyclohexans 115
34. Das ungesättigte Sechsring-System 120
34.1. Ringsysteme mit mehr als 6 C-Atomen; Cycloheptan 120
35. Mittlere Kohlenstoffringe 121
35.1. Cyclononan 122
35.2. Cyclodecan 124
25.3. Cyclododecan 124
36. Große Kohlenstoffringe 125
37. Kondensierte Ringsysteme 127
38. Polyzyklische Ringsysteme. 128
39. Brücken-Ringsysteme 133
40. Diamantoide Ringsysteme 136
41. Geometrische Isomerie 137
42. Konfigurationsbestimmung bei Diastereomeren . . . 145
43. Allene und Kumulene 149
44. Acetylene 151
45. Atropisomerie bei Diphenyl-Derivaten 151
46. Katenane 159
47. Stereochemie anderer Elemente. 159
47.1. Verbindungen mit vierfach gebundenem Zentralatom 159
48. Verbindungen mit dreifach gebundenem Zentralatom 162
49. Verbindungen mit dreifach gebundenem Kohlenstoffatomen 162
49.1. Das Carbenium-Ion 163
50. Metallkomplexe 166
51. Präparative Stereochemie 167
51.1. Spaltung von Racemformen 172

51.2. Konfigurationsänderungen 175
51.3. Epimerisierungen 175
51.4. Asymmetrische Synthese 176
51.4.1. Direkte asymmetrische Synthesen 177
51.4.2. Indirekte asymmetrische Synthesen 178
52. Literatur 182

1. Geschichtliches

Das Phänomen der optischen Aktivität wurde 1811 von M. ARAGO am Quarz entdeckt und danach von BIOT intensiver bearbeitet. BIOT fand 1815, daß diese Eigenschaft nicht nur Kristallen, sondern auch Flüssigkeiten, wie etwa Terpentinöl oder einer alkoholischen Campherlösung eigen ist. Zwei Jahre später berichtete er, daß der Drehwinkel größer wird, wenn man bei der Messung zu kürzeren Wellenlängen übergeht, und er hat damit die Grundlage der Spektralpolarimetrie geschaffen. Diese Entdeckung der optischen Aktivität organischer Verbindungen, die Entdeckung der optischen Isomerie durch PASTEUR (1860), die er in zwei Vorlesungen, gehalten vor der Societe Chimique de Paris, der Öffentlichkeit bekannt gab, und schließlich die Konzeption der tetraedrischen Anordnung der Liganden des Kohlenstoffatoms durch J. H. VAN'T HOFF (1874) waren die drei großen Entdeckungen des vorigen Jahrhundert, die heute als das Fundament der modernen Konfigurationschemie gelten.

Die Vorstellungen Pasteurs und die Erkenntnisse von VAN'T HOFF und LE BEL fanden ihren Niederschlag in der Aussage, daß eine hinreichende, wenn auch nicht notwendige Bedingung für das Auftreten der optischen Aktivität in der Ungleichheit der vier Atome oder Gruppen an einem der Kohlenstoffatome der betreffenden Molekel zu suchen ist.

In Übereinstimmung mit dem experimentellen Befund, das von dem einen Isomeren dieser Molekel die

Schwingungsebene des Lichtes nach links und von dem anderen Isomeren nach rechts gedreht wird, sind zwei Anordnungen möglich, die sich nicht zur Deckung bringen lassen und sich wie Bild und Spiegelbild zueinander verhalten.

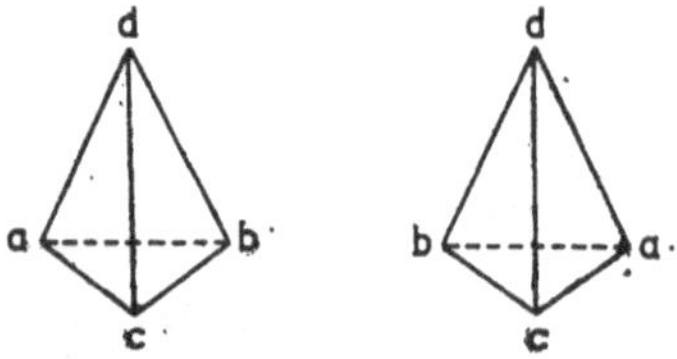

Sind dagegen zwei der Atome oder Gruppen an den Ecken der Tetraeder gleich, so lassen sich die beiden Formen miteinander zur Deckung bringen, sind also damit auch geometrisch nicht verschieden und zeigen somit auch keine optische Drehung.

Diese ursprünglich zur Erklärung der optischen Aktivität gemachte Annahme, daß die Valenzen des Kohlenstoffatoms jeweils in die Ecken eines regulären Tetraeders gerichtet sind, konnte durch Elektronenbeugungsaufnahmen eindeutig bestätigt werden. Allerdings sollte bei dieser Idealvorstellung nicht vergessen werden, daß z. B. in dem Fall, wo an einem zentralen Kohlenstoffatom die Liganden ungleich sind, die reguläre tetraedrische Symmetrie bereits aufgehoben wird, da die Wechselwirkung zwischen den Liganden jetzt verschieden ist. Daraus folgt, daß auch die Bindungswinkel nicht mehr 109° 5′ sein können. Diese aus Symmetriebetrachtungen abgeleitete Folgerung ist durch zahlreiche Experimente bestätigt worden. Zwei Beispiele sind das Fluormethan und das Difluormethan.

Fluormethan Difluormethan

Auch in offenkettigen Kohlenwasserstoffen, beispielsweise im Propan und n-Butan, beträgt der C—C—C-Bindungswinkel ungefähr 112° und nicht 109° 6′ Der regelmäßige Tetraederwinkel ist in der organischen Chemie also eher eine Ausnahme als die Regel.

Verbindungen gleicher Struktur, die sich durch die räumliche Anordnung ihrer Substituenten voneinander unterscheiden, werden bekanntlich als Stereoisomere bezeichnet. Man kennt heute zwei Grundtypen von Stereoisomeren.

2. Geometrische und optische Isomerie

Geometrische Isomerie kann durch verschiedene Anordnung der Substituenten an einer Doppelbindung zustande kommen.

Diese Vorstellungen wurden auf Grund der Studien am Tetraeder-Modell des Kohlenstoffs entwickelt und erstmalig am Beispiel Maleinsäure-Fumarsäure bewiesen.

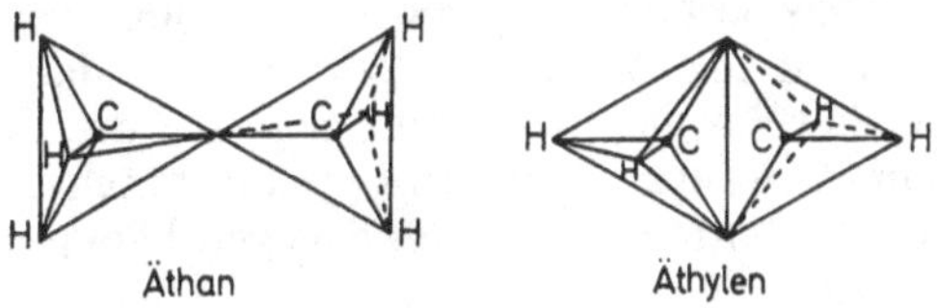

Unter Annahme, daß sich die beiden Kohlenstofftetraeder im Äthan räumlich mit je einer Spitze berühren, sollten sie im Äthylen mit je einer Kante verbunden sein. Durch diese Kantenstellung des Äthylens wird die beim Äthan noch mögliche beschränkte Drehbarkeit der beiden Tetraeder um die C—C-Achse aufgehoben. Denkt man sich nun je ein H-Atom an den beiden C-Atomen der Äthylenmolekel durch ein Chlor ersetzt, so ergeben sich z. B. für das 1.2-Dichloräthylen zwei verschiedene stereoisomere Modelle

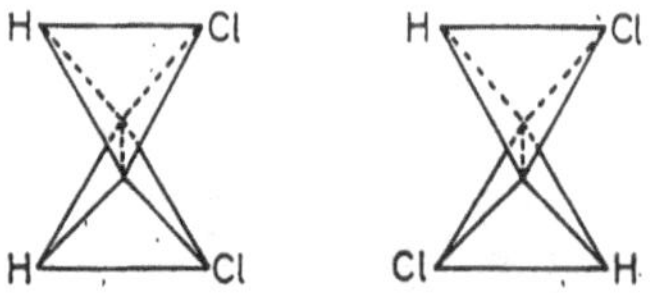

Ähnlich kann man sich die Verhältnisse bei cyklischen Verbindungen vorstellen. Hier übernimmt dann lediglich der Ring die Funktion der Doppelbindung.

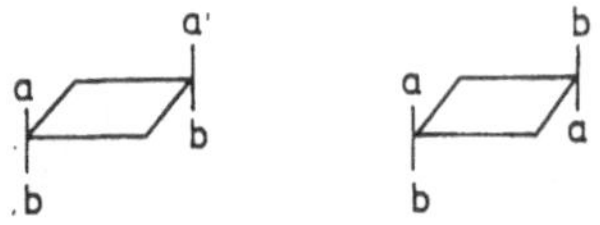

Beide Gruppen der geometrischen Isomeren unterscheiden sich häufig dadurch, daß bei den geometrischen Isomeren der Äthylenderivate keine optische Aktivität auftritt, unter der Voraussetzung, daß nicht an anderer Stelle im Molekül ein Asymmetriezentrum vorkommt. Dieses Fehlen der optischen Aktivität ist dadurch zu erklären, daß die Doppelbindung zugleich die Funktion der Symmetrieebene übernimmt. Geometrische Isomere cyklischer Verbindungen weisen dagegen häufig optische Aktivität auf.

Würde man allerdings das Auftreten der optischen Aktivität zum alleinigen und allgemein gültigen Unterscheidungsmerkmal machen wollen, so wäre dieses Unterfangen bereits wieder zum Scheitern verurteilt, denn *cis*- und *trans*-Crotonsäure z. B. sind optisch inaktive geometrische Isomere, während die *cis*- und *trans*-2-Methyl-cyclopropancarbonsäure zwar ebenfalls geometrische Isomere sind, aber dennoch optische Aktivität aufweisen. Beide Säuren lassen sich mit ihren Spiegelbildern nicht zur Deckung bringen, bilden damit zwangsläufig je ein Isomerenpaar, dessen Einzelpartner jeweils ein optisches Drehvermögen gleichen Betrags aber entgegengesetzter Richtung aufweisen.

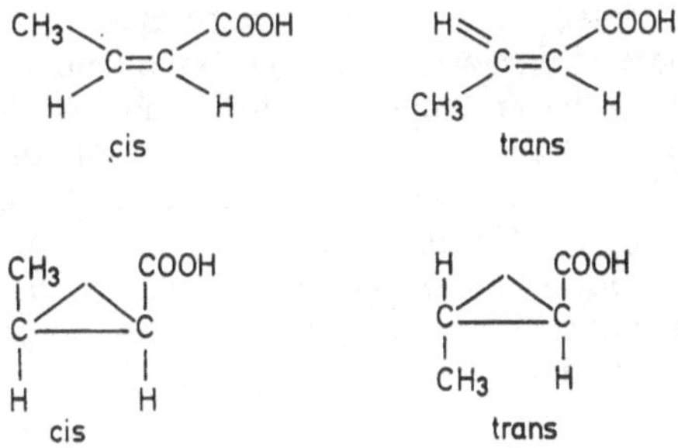

3. Optische Isomerie

Im 2-Methyl-butanol-(1) liegt eine Substanz vor, die wie Butanol-(2) die Ebene des linear polarisierten Lichts um einen bestimmten Winkel dreht, d. h. optische Aktivität aufweist. Diese physikalische Erscheinung wurde von Pasteur (1848) an den optisch aktiven Weinsäuren näher untersucht, wobei er feststellt, daß beide Säuren in Lösung die Polarisationsebene um den gleichen Betrag, jedoch im entgegengesetzten Sinne drehen. Die eine dreht nach rechts (+), die andere nach links (—). Weiterhin zeigte sich, daß die Kristallformen der beiden optisch aktiven Weinsäuren enantiomorph sind, d. h. gleiche Flächen und Winkel aufweisen, sich aber nicht zur Dekkung bringen lassen. Sie verhalten sich wie Bild und Spiegelbild und werden als *Enantiomere* bezeichnet. Somit ist die Ursache der optischen Aktivität also im räumlichen Aufbau der Moleküle zu suchen. Im Jahre 1860 postulierte Pasteur, daß alle optisch aktiven Molekeln asymmetrisch gebaut sein müssen, daß durch die Raummodelle der Molekeln keine Symmetriebene gelegt werden kann.

Im Jahre 1874 entdeckten dann VAN'T HOFF und LE BEL unabhängig voneinander, daß alle bis dahin untersuchten optisch aktiven Verbindungen mindestens ein asymmetrisches C-Atom, d. h. ein mit vier verschiedenen Atomen oder Gruppen verbundenes C-Atom besaßen. Damit konnten die vier Substituenten nicht in einer Ebene liegen, sondern mußten in den Ecken eines Tetraeders lokalisiert sein, in dessen Mittelpunkt das C-Atom lokalisiert war. Diese Überlegungen führten zur Aufstellung des Kohlenstofftetraedermodells. Betrachtet man nun unter diesem Gesichtspunkt noch einmal das 2-Methyl-butanol-(1), so ergibt sich der folgende asymmetrische Aufbau

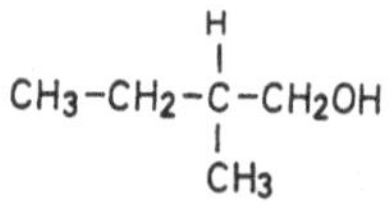

2-Methyl-butanol-(1)

Damit lassen sich die folgenden zwei optisch aktiven Formen darstellen:

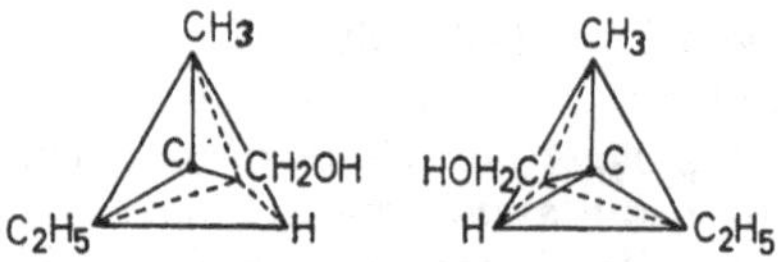

Beide Raummodelle verhalten sich also wie Bild und Spiegelbild und lassen sich nicht miteinander zur Dekkung bringen. Man spricht daher von Spiegelbildisomeren oder Enantiomeren oder optischen Antipoden, die die Ebene des linear polarisierten Lichtes um den gleichen Betrag, aber in entgegengesetzter Richtung drehen.

4. Bestimmung der spezifischen Drehung und Molekularrotation

Ein wesentliches Kriterium der optischen Isomerie ist das Auftreten der optischen Aktivität unabhängig vom Aggregatzustand. Damit wird eine Methode zur Bestimmung des Drehwinkels der untersuchten Substanz erforderlich. Das hierfür erforderliche Polarimeter arbeitet nach einem Differentialprinzip, wodurch die Bestimmung des Drehwinkels durch einen visuellen Vergleich von Lichtintensitäten ermöglicht wird. Die für die Messung genutzte Natriumdampflampe erzeugt in der Hauptsache Licht der Wellenlänge 589 nm, so daß mit dem Auge immerhin noch Genauigkeiten von 0,005° erzielt werden können.

Durchstrahlt man nun die Lösung einer optisch aktiven Verbindung mit linear polarisiertem Licht, so ist die Drehung der Polarisationsebene proportional dem Prozentgehalt p (g = aktive Substanz in 100 g Lösung) bei einer Dichte d bzw. der Konzentration c (g = aktive Substanz in 100 ml Lösung) der Lösung und der durchlaufenden Schichtlänge l in Dezimetern. Als Maß für den Ablenkungswinkel α, bezogen auf 1 g aktive Substanz in 1 ml Lösung bei einer Schichtlänge von 1 dm, ergibt sich die spezifische Drehung:

$$[\alpha]_\lambda^t = \frac{\alpha \cdot 100}{l \cdot p \cdot d} = \frac{\alpha \cdot 100}{l \cdot c}$$

Die spezifische Drehung ist keine Stoffkonstante, sondern hängt von der Temperatur t und der Wellenlänge λ ab. Da die meisten Messungen mit monochromatischem Natriumlicht (D-Linie, 5893 Å) bei einer Temperatur von 20 °C durchgeführt werden, werden diese Parameter durch die Angabe an der Klammer mit berücksichtigt. So bedeutet z. B. $[\alpha]_D^{25}$ die spezifische Drehung einer Substanz bei 25°C, gemessen mit Licht von der Wellenlänge der Natrium-D-Linie. Diese Größe kann zur Charakterisierung einer optisch aktiven Substanz herangezogen werden. Sie ist noch von der Konzentration der Lösung und von der Art des Lösungsmittels abhängig. Deshalb sollte Konzentration und verwendetes Lösungsmittel stets mit angegeben werden.

Beispiel: $[\alpha]_{589}^{24} = +84{,}8$ ($c = 2{,}5$ g/100 m*l* Chloroform) bedeutet damit eine spezifische Drehung von +84,8°, gemessen mit Licht der Wellenlänge 589 nm bei 24 °C, an einer Lösung von 2,5 g/100 m*l* in Chloroform.

Häufig bevorzugt man die Molekularrotation, d. h. die auf ein Mol der optisch aktiven Verbindung bezogene spezifische Drehung, die durch die folgende Gleichung bestimmt wird.

$$[M]_\lambda^T = [\Phi]_\lambda^T = \frac{\alpha \cdot \text{Molekulargewicht}}{100} = \frac{\alpha}{l(\text{dm}) \cdot c\,(\text{Mol}/100\,\text{m}l)}$$

Auf diese Weise lassen sich die Molmassen der verschiedenen optisch aktiven Substanzen mit den Werten der spezifischen Drehung in Relation bringen.

5. Bedingungen für das Auftreten optischer Isomerie

Die bisherige Feststellung, daß optisch aktive Verbindungen nur dann auftreten, wenn in dem Molekül wenigstens ein asymmetrisches C-Atom auftritt, kann nicht bedingungslos gehalten werden, da auch optisch aktive Verbindungen ohne asymmetrisches C-Atom denkbar sind. Streng genommen gilt diese Feststellung ja eigentlich auch nur für ein Molekül C, *a*, *b*, *c*, *d*, wo *a*, *b*, *c*, *d* voneinander verschieden sind und kein Ligand das Spiegelbild des anderen ist. Somit muß also ein gewisser Symmetriemangel in der Molekel die Voraussetzung zum Auftreten der optischen Aktivität sein.

Die weiteren Untersuchungen führten nun zu der Erkenntnis, daß die Inkongruenz einer Molekel und ihres Spiegelbildes sowohl als hinreichende als auch notwendige Bedingung für das Auftreten einer permanenten optischen Aktivität angesehen werden kann.

Moleküle, die mit ihren Spiegelbildern zur Deckung gebracht werden können, bewirken keine optische Aktivität, wohingegen Molekelmodelle, die nicht mit ihren Spiegelbildern zur Deckung gebracht werden können, immer optische Aktivität hervorrufen.

Da also offensichtlich die Symmetrie für unsere Belange eine entscheidende Rolle spielt, wenden wir uns nun der Symmetrie in einfachen Molekülen zu. Jedes Molekül kann durch seine Symmetrieeigenschaften beschrieben werden, und jede Symmetrieklasse wird durch die Zahl und Art der Symmetrieelemente, die in einem Molekül vorkommen, charakterisiert. Die für unsere Zwecke wichtigsten Symmetrieelemente sind Symmetrieebenen, durch σ symbolisiert, und einfache Rotationsachsen der Ordnung n, die durch C_n symbolisiert wird (n-zählige Symmetrieachsen). Hierzu sind in der folgenden Abb. die wichtigsten Symmetrieelemente des Würfels zusammengestellt.

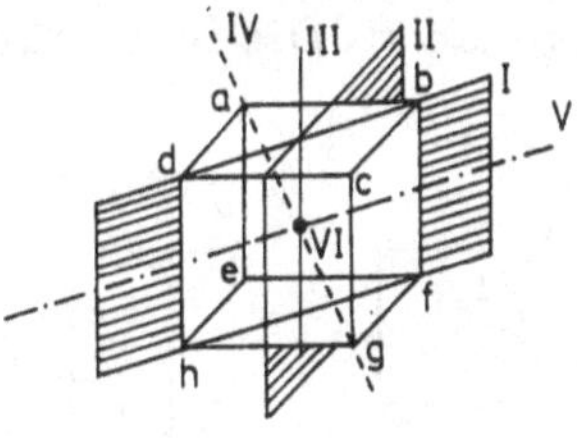

I = Diagonale, die Punkte *b*, *d*, *h* und *f* durchlaufende Symmetrieebenen; *II* = rechtwinklige Symmetrieebene; *III* = vierzählige Symmetrieebene; *IV* = dreizählige, durch die entgegengesetzten Ecken *a* und *g* laufende Symmetrieachse; *V* = zweizählige, durch gegenüberliegende Kanten laufende Symmetrieachse. Das Symmetriezentrum liegt im Zentrum des Moleküls.

Eine σ-Ebene (Symmetrieebene) ist eine Spiegelebene, die eine geometrische Figur so in zwei Teile teilt, daß die Hälfte der Figur auf der einen Seite der Ebene das genaue Spiegelbild der Hälfte auf der anderen Seite ist, wie z. B. Nitrosylchlorid.

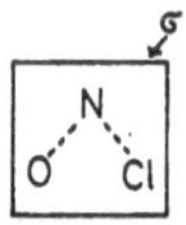

Eine C_n-Achse (Symmetrieachse) ist eine Linie, die so durch ein Molekül läuft, daß man bei einer Drehung um $360°/n$ um diese Linie eine dreidimensionale Anordnung erhält, die von der ursprünglichen Figur nicht zu unterscheiden ist. Beispielsweise hat das Wassermolekül eine zweizählige, das Ammoniakmolekül eine dreizählige Symmetrieachse. Es ist wichtig, daß in einem Molekül sowohl Symmetrieebenen als auch Symmetrieachsen auftreten können. Während beispielsweise das Nitrosyl-Chlorid keine Symmetrieachse hat (eine einzählige Achse C_1 wird nie berücksichtigt) haben Wasser und Ammoniak zwei bzw. drei Symmetrieebenen, die sich in der C-Achse schneiden. Die Winkel zwischen diesen Ebenen bezeichnet man als D i e d e r w i n k e l.

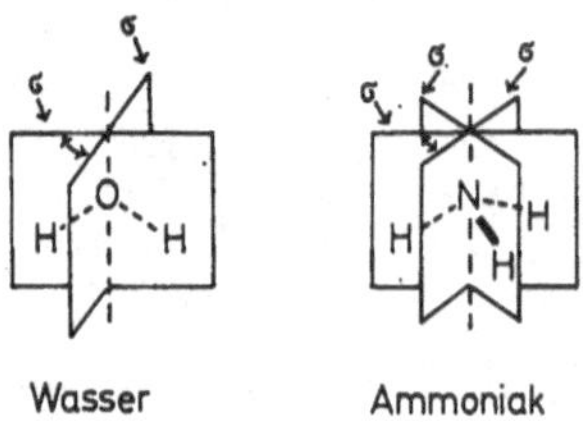

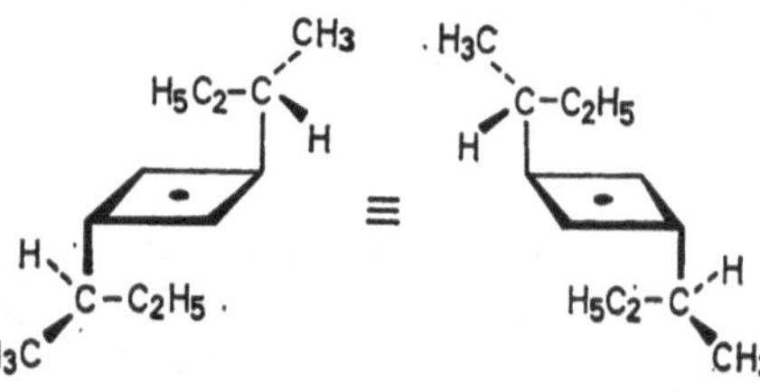

Übertragen wir diese wichtige Erkenntnis nunmehr auf Moleküle, die je einen Cyclobutanring und zwei oder mehrere sekundäre Butylgruppen besitzen.

Die Verbindung besitzt ein Symmetriezentrum. Ein Symmetriezentrum ordnet jedem Punkt einer Figur einen zweiten so zu, daß beide die Endpunkte einer Strecke bilden, die vom Symmetriezentrum halbiert wird. Hier können Bild und Spiegelbild zur Deckung gebracht werden.

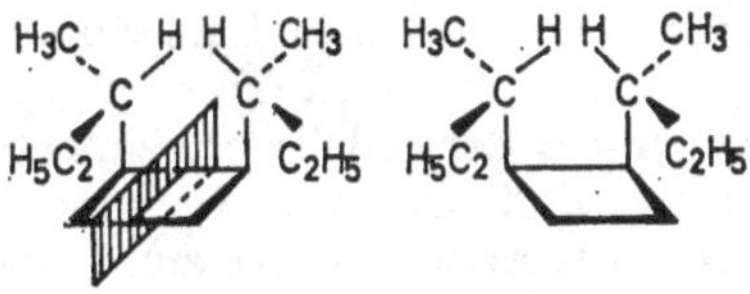

Eine Molekel mit einer Symmetrieebene (auch als Spiegelebene bezeichnet) wird durch diese Ebene in spiegelbildliche Hälften geteilt und läßt sich damit durch einfache Translation zur Deckung bringen.

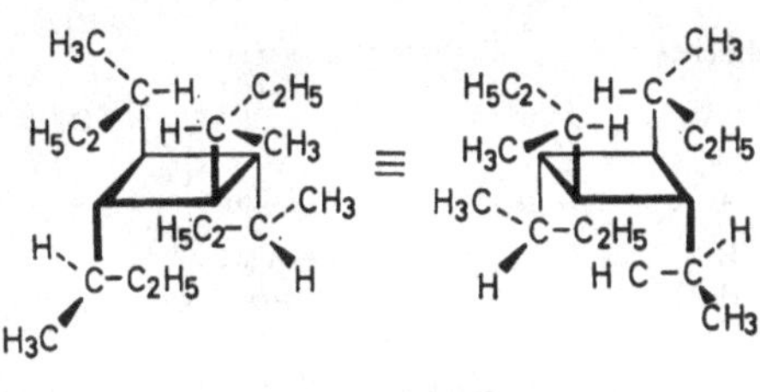

Eine Molekel, die eine n-zählige Drehspiegelachse besitzt, wird durch die Drehung um $2\pi/n$ um diese Achse und anschließende Spiegelung an eine zur Achse senkrechten Ebene mit sich zur Deckung gebracht.

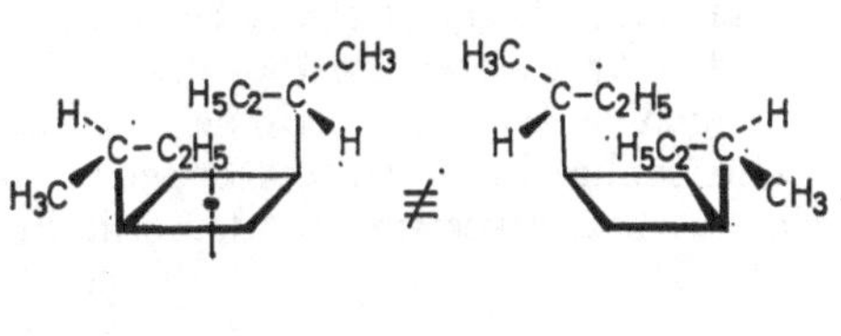

Die in der letzten Abbildung dargestellten Molekeln besitzen jede für sich eine zweizählige Symmetrieachse — jedes verhält sich damit wie Bild und Spiegelbild zueinander, und lassen sich nicht zur Deckung bringen. Jedes repräsentiert damit ein optisch aktives Isomeres.

Fassen wir die bisherigen Erkenntnisse noch einmal zusammen, so läßt sich feststellen, daß das Auftreten enantiomerer Formen von allgemeinen Symmetriebedingungen abhängt, die für geometrische Körper jeder Art gültig sind. Das Fehlen einer Symmetriebene allein ist damit noch kein ausreichendes Kriterium für das Auftreten spiegelbildisomerer Molekülformen, wie man z. B. auf Grund des Tetraedermodells annehmen sollte. Als ein Beispiel dafür, daß auch zentrosymmetrische Moleküle noch nicht in die Enantiomeren aufgespalten werden können, dient die α-Truxillsäure. Diese Säure enthält zwar ein Symmetriezentrum, jedoch keine Symmetrieebene, so daß man scheinbar zwei spiegelbildähnliche Formen konstruieren kann, die keine Symmetrieebene besitzen.

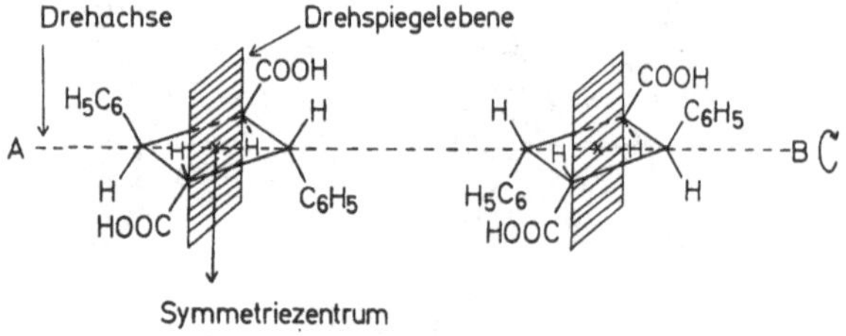

Zwei α-Truxillsäuremoleküle in Spiegelstellung

Trotzdem sind die beiden Molekülformen aber identisch, denn man kann sie zur Deckung bringen, wenn man um die Linie $A—B$ als Achse um 180° dreht.

Alle derartigen zentrosymmetrischen Verbindungen sind durch eine senkrecht zu der angegebenen Drehachse liegende Ebene charakterisiert, an der sich die beiden

Molekülhälften zwar nicht direkt spiegeln, jedoch nach Drehung um 180° gegeneinander spiegeln würden. Derartige Ebenen werden daher im Gegensatz zur normalen Symmetrie- oder Spiegelebene symmetrischer Körper in unserem Sprachgebrauch — als Drehspiegelebenen bezeichnet.

Optische Isomere sind damit also Verbindungen, deren Molekelmodell durch Spiegelung an einer Ebene in eines übergeführt wird, das durch Translation und Drehungen n i c h t mit dem ursprünglichen zur Deckung gebracht werden kann. Eine Molekel ist mit ihrem Spiegelbild kongruent, wenn sie mindestens eines der drei Symmetrieelemente: Spiegelebene, Symmetriezentrum oder Drehspiegelachse besitzt. Jedes andere Molekül, das keines dieser Symmetrieelemente besitzt, und deren Symmetrie nur auf einer oder mehreren einfachen Drehachsen beruht, kann nicht mit ihrem Spiegelbild zur Deckung gebracht werden.

Eine Verbindung ist damit eindeutig optisch aktiv, wenn sie weder eine Spiegelebene, noch ein Symmetriezentrum noch eine Drehspiegelachse besitzt — unabhängig von etwa vorhandenen Symmetrieachsen, sonst ist die Verbindung nicht optisch aktiv.

Auf Grund der neuen Erkenntnisse sollte man sich allerdings davor hüten, optisch aktive Molekeln auch allgemein als asymmetrisch zu bezeichnen, denn diesen Molekeln fehlte ja jegliche Symmetrie. Lediglich ein Molekül C-*abcd* besitzt keinerlei Symmetrie und deshalb wäre hier der Ausdruck Asymmetrie vollkommen berechtigt, wenn, wie es immer der Fall sein sollte, die Umgebung des Atoms mit berücksichtigt wird. Dieses Molekül muß ansonsten nicht unbedingt optisch aktiv sein. Die Asymmetrie ist zwar eine hinreichende Bedingung für die Existenz von Enantiomeren, aber sie ist keineswegs eine notwendige Bedingung, wenn auch das Wort Asymmetrie häufig fälschlich in diesem Sinne gebraucht wird.

Es wurde vielmehr ein neuer Begriff eingeführt, der

für die Symmetrieverhältnisse bei optisch aktiven Substanzen verwendet wird. Dieser Begriff — Dissymmetrie — kennzeichnet Molekeln, die kein Symmetrieelement 2. Art also Spiegelebenen, Symmetriezentren oder Drehspiegelachsen besitzt. Ein dissymmetrisches Molekül kann damit aber noch eine oder mehrere einfache Drehachsen — also Symmetrieelemente 1. Art — besitzen, aber keine anderen Symmetrieelemente.

Symmetrisch ist daher ein Molekelmodell immer dann, wenn es wenigstens ein Symmetrieelement 2. Art besitzt.

Neuerdings wird für dissymmetrische Verbindungen der in seiner Definition einfachere Begriff Chiralität eingeführt.

6. Chiralität

Der Begriff Chiralität bringt die notwendige und hinreichende Bedingung für die Existenz von Enantiomeren genau zum Ausdruck. Chiralität bedeutet Händigkeit und für unsere Zwecke topologische Händigkeit.

Allgemein kann man eine Molekel, die nicht mit ihrem Spiegelbild identisch ist, als chiral bezeichnen — oder anders, ein Molekül ist achiral, wenn es mit seinem Spiegelbild identisch ist. Andererseits ist eine chirale Molekel auch eine optisch aktive Molekel und optisch aktive Molekeln sind auch chirale Molekeln. Damit erscheint es vernünftig, die Chiralität eines Moleküls nur dann zu diskutieren, wenn die Konfiguration und Konformation eines Moleküls bekannt ist, oder wenn das zu betrachtende Molekül als starr betrachtet werden kann. Ein Beispiel mag das erläutern: Das Äthan ist konfigurativ achiral, obgleich viele seiner möglichen Konformationen wie z. B. (*I*) chiral sind. Das bedeutet aber, daß die Konfiguration eines Moleküls nur dann chiral ist, wenn alle möglichen Konformationen auch chiral sind. Konformationen wie (II) und (III) beim Äthan-Molekül sind aber achiral.

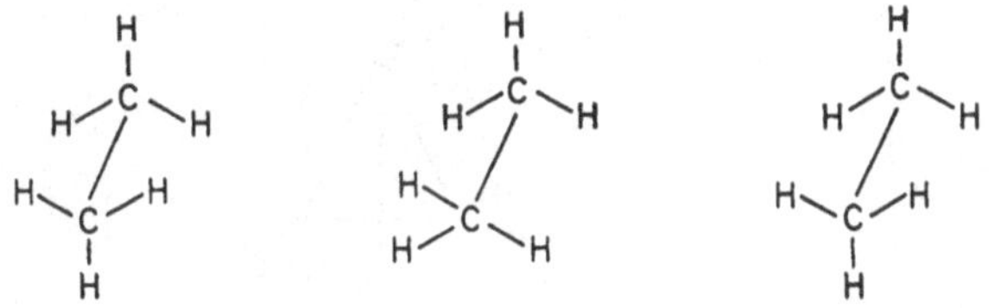

I II III

In der folgenden Abbildung sind beide Moleküle nicht identisch und damit nicht deckungsgleich. Die Formeln geben den links- und rechtsdrehenden Glycerinaldehyd wieder und repräsentieren damit aber je ein chirales Molekül.

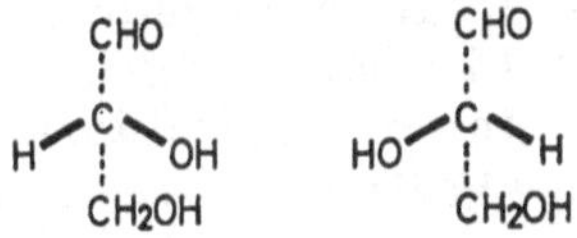

In der Abbildung ist eine Struktur abgebildet, die mit ihrem Spiegelbild identisch ist. Diese Struktur ist damit eine achirale Struktur.

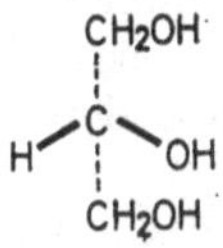

Diese wichtigen Voraussetzungen sollen noch einmal mit anderen Worten zusammengefaßt werden:

Es gilt, daß alle asymmetrischen Moleküle chiral und alle Verbindungen, die sich aus dieser betrachteten Molekel aufbauen lassen, zugleich optisch aktiv sind. Andererseits sind aber nicht alle chiralen Molekeln zugleich auch asymmetrisch aufgebaut, da z. B. Moleküle mit einer

Drehachse (Symmetrieelement 1. Art) die Bedingungen der Chiralität erfüllen.

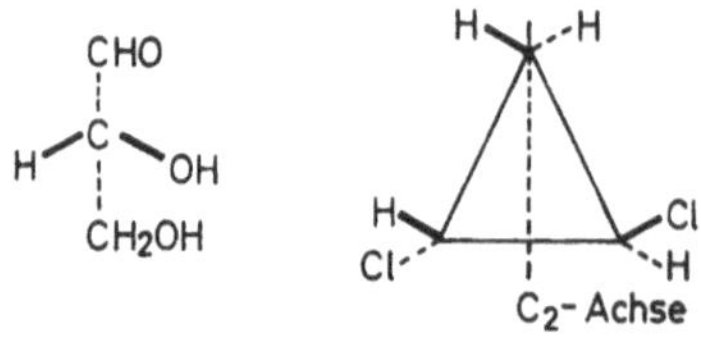

In dem voranstehenden Bild ist eine Verbindung dargestellt, die kein Symmetrieelement 2. Art besitzt, und damit optisch aktiv ist. Das zweite Beispiel zeigt ein Molekül mit einer Drehachse, es ist chiral, obgleich nicht asymmetrisch. Damit erfüllt das Molekül die Bedingungen der optischen Aktivität.

Chiral heißt damit also jede Figur, die mit ihrem Spiegelbild nicht kongruent ist. Figuren mit kongruenten Spiegelbildern heißen dagegen achirale Figuren

7. Chiralität und asymmetrische C-Atome

Ein asymmetrisches Atom erfüllt damit die Bedingungen der Asymmetrie, wenn es mit vier unterschiedlichen Atomen oder Gruppen besetzt ist, von denen keines das Spiegelbild irgend eines anderen an diesem C-Atom haftenden Atoms sein darf.

Ein asymmetrisches Atom kann aber auch Teil eines chiralen Zentrums sein, das wiederum zum Zentrum einer chiralen tetragonalen Struktur gehört. Somit kann der Terminus chirales Zentrum eindeutig nicht nur auf tetragonale Strukturen alleine beschränkt bleiben. Wenn das Atom, am dem eine solche Gruppe haftet, zum chiralen Zentrum gehört, wird die Gruppe als chirale Gruppe bezeichnet.

In einer Molekel können mehrere chirale Zentren oder

chirale Gruppen vorhanden sein, die nun entweder in ihrer Struktur identisch oder unterschiedlich, oder strukturell identisch, aber von entgegengesetzter Chiralität sein können. Die Gegenwart einer gleichen Zahl von strukturell identischen chiralen Gruppen entgegengesetzter Chiralität in einem Molekül führt zu einem achiralen Molekül. Trotz dieser Aussage sollte man bei all diesen Betrachtungen stets bedenken, daß der Ausdruck „chirale Gruppe" heute zwar sehr verbreitet, aber streng genommen falsch ist. Die Chiralität bezieht sich in ihrer ureigenen Bedeutung ausschließlich auf das Gesamtmolekül und nicht auf Atome oder Gruppen.

Einige Beispiele mögen das erläutern.

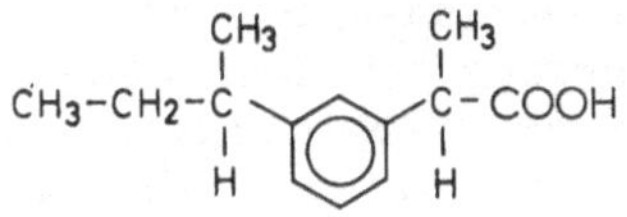

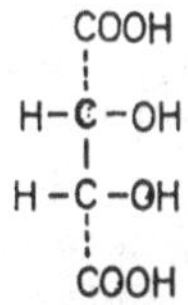

In der ersten Verbindung ist ein chirales Molekül dargestellt, in dem zwei asymmetrische C-Atome vorhanden sind. Jedes dieser C-Atome liegt an einem chiralen Zentrum und bildet zugleich einen Teil der zwei unterschiedlichen chiralen Gruppen, nämlich: $-CH(CH_3)COOH$ und $-CH(CH_3)CH_2CH_3$.

In der zweiten Verbindung ist die *meso*-Weinsäure dargestellt, in der zwei zentrale C-Atome abgebildet sind, die asymmetrisch sind. Beide C-Atome sind zugleich Bestandteil zweier chiraler Gruppen. Die beiden Gruppen $-CH(OH)COOH$ sind strukturidentisch, aber von entgegengesetzter Chiralität, so daß das Gesamtmolekül achiral ist.

Schließlich kann die *sec*-Butylgruppe im rechtsdrehenden 2-*sec*-Butylnaphthalin als chiral bezeichnet werden, aber sie ist dagegen nicht chiral in der achiralen Molekel $(CH_3CH_2)\ (CH_3)CH-CH_3$.

In den weitaus meisten Fällen wird die Chiralität einer Molekel durch ein oder mehrere „asymmetrische Kohlenstoffatome“ hervorgerufen, Kohlenstoffatome also, die mit vier verschiedenen Liganden besetzt sind. Von diesen vier Liganden sollten zumeist zwei Kohlenstoff enthalten. Allerdings konnte bereits eine organische Verbindung mit C-freien Liganden in die Antipoden gespalten werden. Hierbei handelt es sich um die Chlor-jod-methansulfonsäure

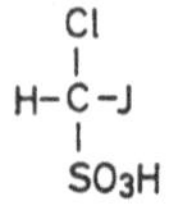

Eines der am längsten bekannten Beispiele für eine Verbindung, die die Bedingung der Asymmetrie *Cabcd* erfüllt, ist die Milchsäure mit ihren Isomeren. Molekelmodelle von (+) Milchsäure (rechtsdrehend) und (−) Milsäure (linksdrehend) des tetraedrischen Aufbaus sind in der folgenden Abbildung dargestellt. Dieser Wiedergabeform bedient man sich, da die Fläche des Papiers zweidimensional ist, und die dreidimensionale Form der Moleküle damit nicht wiedergegeben werden kann. Diese 1890 von Emil FISCHER vorgeschlagene Form der Darstellung wird wie folgt vorgenommen:

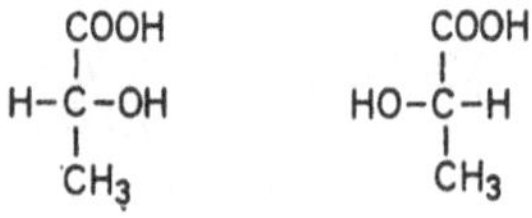

D(−)Milchsäure L(+)Milchsäure

Die in einer Kette verbundenen C-Atome werden in eine senkrechte Gerade gelegt, und die Enden der Ketten übereinander hinter die Tafelebene gedreht. Dadurch werden die seitlich an den C-Atomen haftenden Substituenten vor die Tafelebene gelegt. Diese Anordnung wird in die Tafelebene projiziert. Die FISCHER-Projektionsformeln geben die Reihenfolge der Substituenten (Sequenz) an dem betreffenden asymmetrischen C-Atom richtig wieder; über die Distanz zu weiter entfernten Gruppen sagen sie genauso wenig aus, wie die üblichen Strukturformeln, da prinzipielle freie Dreharbeit um die Achse einer C—C-Einfachbindung besteht.

8. Kennzeichnung der optischen Isomere

Die Kennzeichnung optischer Isomere ist in der Literatur seit Jahrzehnten uneinheitlich gehandhabt worden. Die Bezeichnung optischer Antipoden erfolgte ursprünglich mit den Präfixen *d* (dexter) und *l* (laevus), je nachdem, ob die betreffende Verbindung die Ebene des polarisierten Lichtes nach rechts oder links drehte. Bald jedoch stellte sich heraus, daß der Drehsinn einer Substanz von äußeren Einflüssen abhängt, und daß er in verschiedenen Lösungsmitteln sogar entgegengesetzt sein kann. So dreht z. B. Chloramphenicol in ätherischer Lösung die Ebene des polarisierten Lichts nach rechts, in Essigsäureäthylester dagegen nach links; 2-Chlor-2-phenylpropionsäure ist in Benzol rechts-, in Äther aber linksdrehend. Aus der Drehungsrichtung einer optisch aktiven Verbindung kann also nicht unmittelbar auf die Anordnung der Substituenten am asymmetrischen C-Atom geschlossen werden. Als erster hat Emil Fischer (1891) am Beispiel der Glucose den Versuch unternommen, ein System der konfigurativen Beziehungen optischer Antipoden zu entwickeln. 1917 wurde dann von Freudenberg der Glycerinaldehyd als Bezugssubstanz für die Konfiguration optisch aktiver Verbindungen vorgeschlagen. Es wurde dem rechtsdrehenden Glycerinaldehyd willkürlich die *d*-Konfiguration zugeschrieben. Die Präfixe *d* und *l* gaben nunmehr die jweilige relative Konfiguration am asymmetrischen C-Atom im Raum an, während die tatsächlich gemessenen Drehwerte (+) und (—) hinzugefügt wurden. So wurde geschrieben: *d*(+)-Glycerinaldehyd und *d*(—)-Glycerinsäure. Daraus erkennt man, daß zwischen der Konfiguration und dem Drehungssinn zu differenzieren ist, zumal die spezifische Drehung sowohl von der Art des Lösungsmittels als auch von der Konzentration abhängig sein kann.

Da diese Vereinbarung aber nicht allgemein befolgt wurde, und da die Präfixe *d* und *l* auch weiterhin zur Bezeichnung der Drehungsrichtung verwendet wurde, entstand eine beträchtliche Unsicherheit. Auf Vorschlag von Vickery (1947) und Hudson (1948) hat man sich dahingehend geeinigt, die optischen Antipoden durch kleingedruckte große Buchstaben *D* und *L* zu charakterisieren. Sie geben lediglich die Konfiguration am asymmetrischen C-Atom an, ohne den jeweiligen Drehungssinn zu berücksichtigen. Soll dieser dennoch vermerkt werden, so setzt man den Präfixen *D* bzw. *L* je nach dem Drehwert (+) oder (—) hinzu.

Als Bezugssystem für die Zuordnung des räumlichen Aufbaus am asymmetrischen C-Atom — den wir hier bereits mit Konfiguration bezeichnet haben — gilt also der *D*-Glycerinaldehyd, für den Bijovet (1951) durch anomale Röntgenstrahlbeugung nachweisen konnte, daß die zunächst willkürliche Zuordnung zur *D*-Reihe tatsächlich der absoluten Konfiguration entspricht. Damit ergeben sich für Glycerinaldehyd die beiden folgenden Abbildungen:

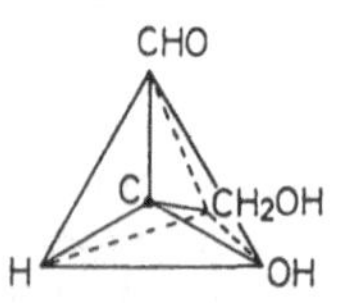

D(+)-Glycerinaldehyd

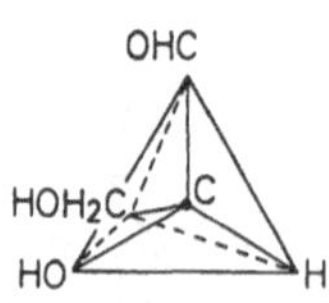

L(—)-Glycerinaldehyd

Den Raummodellen entsprechen in der FISCHER-Projektion die nachstehenden Formeln:

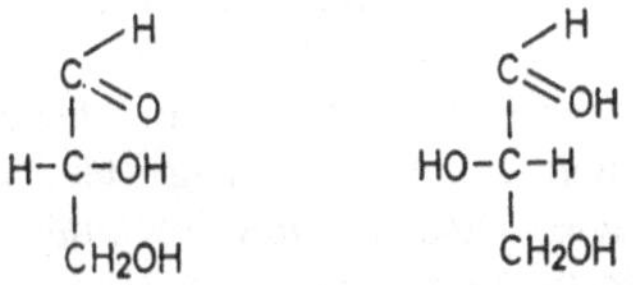

D(+)-Glycerinaldehyd L(−)-Glycerinaldehyd

9. FISCHER-Projektion und ihre Anwendung

In diesen von FISCHER vorgeschlagenen Formeln sind die Substituenten rechts und links vom asymmetrischen C-Atom vor der Papierebene, die beiden senkrecht angeordneten dagegen hinter der Papierebene angeordnet zu denken.

Jede Verbindung, von der experimentell nachgewiesen werden kann, daß sie an ihrem asymmetrischen C-Atom den gleichen räumlichen Aufbau aufweist, wie das asymmetrische C-Atom des *D*-Glycerinaldehyds gehört zur *D*-Reihe, unabhängig von dem jeweiligen Drehungssinn.

Um z. B. die Konfiguration der linksdrehenden Milchsäure zu bestimmen, kann man folgende Reaktion durchführen, bei denen kein Konfigurationswechsel am Asymmetriezentrum eintritt. *D*(+)-Glycerinaldehyd geht bei der Oxydation mit Quecksilber(II)-oxid in *D*(−)-Glycerinsäure über, die auch aus *D*(+)-Isoserin mit salpetriger Säure zugänglich ist. Da andererseits aus *D*(+)-Isoserin durch Umsetzen mit Nitrosylbromid und anschließende Reduktion mit Natriumamalgam die (−)-Milchsäure entsteht, muß diese auch die *D*-Konfiguration besitzen:

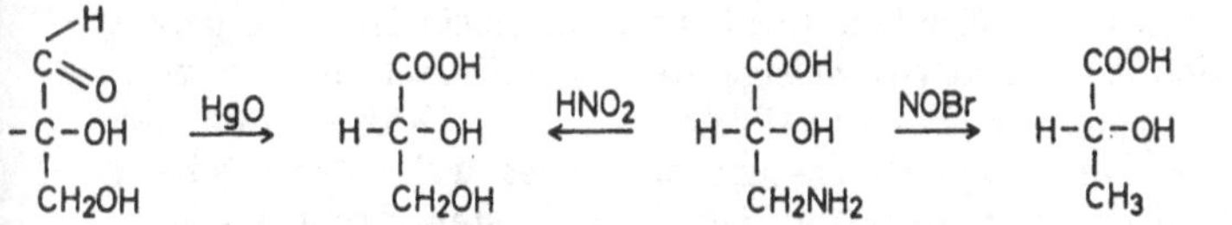

D(+)Glycerinaldehyd D(−)-Glycerinsäure D(+)-Isoserin D(−)-Milchsäure

Die Racmate werden entweder mit *DL*, wenn die eindeutige Zugehörigkeit der optischen Antipoden bekannt ist oder durch (∓) bzw. *dl*, sofern nur der Drehungssinn bekannt ist, symbolisiert.

Bei optisch aktiven Verbindungen, besonders bei Naturstoffen, die sich nicht eindeutig der *D*- oder *L*-Reihe zuordnen lassen, wird nur der jeweilige Drehungssinn durch (+) bzw. (—) angegeben.

Bei der Verwendung der FISCHER-Projcktionen sollte man allerdings streng auf einige Punkte achten:

1. Die Projektionsformel ist zweidimensional und darf deshalb nicht durch Herausheben aus der Papierebene „auf den Rücken gelegt" werden. Diese Behandlung würde die Vertauschung zweier Substituenten bedeuten.

2. Da die in der Vertikalen gezeichneten Bindungen unterhalb der Papierebene und die Horizontalen über der Papierebene liegen ist es ebenfalls nicht erlaubt, die Projektion innerhalb der Papierebene um 90° oder ein ungeradzahliges Vielfaches davon zu drehen.

3. Eine Drehung um 180° ist erlaubt.

4. Man kann zwei Vertauschungen von Substituenten unmittelbar hintereinander vornehmen, da eine einmalige Vertauschung zweier Substituenten die Molekel in ihr Spiegelbild überführt und eine nochmalige damit das Spiegelbild des Spiegelbildes liefert, d. h. also durch zwei Vertauschungen hintereinander erhält man die ursprüngliche Molekel selbst wieder.

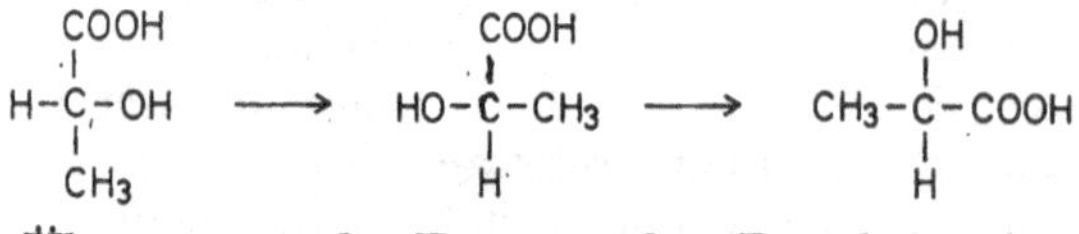

Die Übertragung der FISCHERschen Projektionsformeln auf andere asymmetrische, insbesondere cyklische Verbindungen, ist jedoch nicht ohne weiteres möglich. Selbst auch in der Kohlenhydrat- und Aminosäurereihe ergeben sich erhebliche Schwierigkeiten. So soll nach der Konvention in der FISCHER-Projektion das C-Atom mit der höchsten Oxydationsstufe möglichst weit oben stehen; und die Konfiguration des am weitesten davon entfernten asymmetrischen C-Atoms für die Zuordnung der

Verbindung zur *D*- oder *L*-Reihe maßgebend sein. Je nachdem, ob in der Projektionsformel die funktionelle Gruppe an diesem C-Atom links oder rechts steht.

Bei der *D*-Glucose ist das der Fall, geht man jedoch zur Glucuronsäure über, so steht man vor der Entscheidung, entweder die Carboxylgruppe nach oben zu schreiben, und sich damit an die Fischer-Konvention zu halten; die Folge wäre, daß man die aus der *D*-Glucose entstehende Uronsäure als *L*-Glucuronsäure bezeichnen müßte. Um den genetischen Zusammenhang zu wahren, hat man sich daher für die an sich falsche Schreibweise mit der Carboxylgruppe am unteren Ende entschieden. Man erhält so aus der *D*-Glucose die *D*-Glucuronsäure.

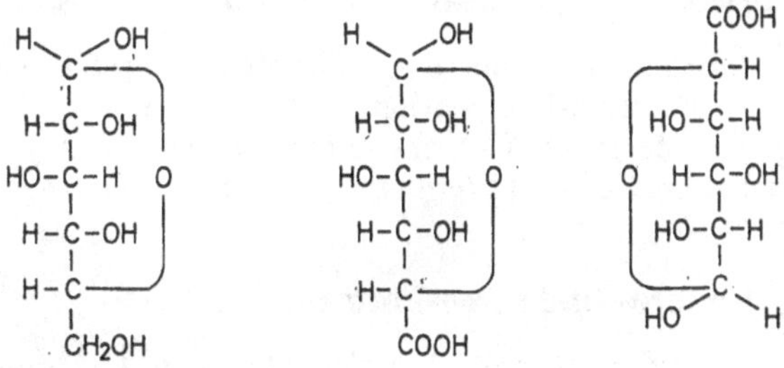

α-D-Glucose

D-Glucuronsäure

übliche Schreibweise exakte Fischer Projekt

10. Verbindungen mit mehreren asymmetrischen C-Atomen

Verbindungen, die zwei oder auch mehrere asymmetrische Kohlenstoffatome enthalten, können die Liganden an jedem der beiden C-Atome auf zweierlei Weise anordnen. Damit sind $2 \times 2 = 4$ verschiedene Isomere der gleichen Konstitution denkbar und möglich. Bei einem weiteren asymmetrischen Kohlenstoff-Atom erhöht sich diese Zahl bereits auf $2^3 = 8$ Isomere. Unter der Voraussetzung, daß die betrachtete Struktur nicht noch rein geometrische Isomere zuläßt, gilt damit allgemein, daß bei einer vorgegebenen Struktur 2^n-Isomere möglich sind. Der Index n gibt hier die Zahl der nichtäquivalenten C-Atome wieder.

Zu den Verbindungen, die 2 asymmetrische Kohlenstoffatome enthalten, gehören eine Reihe wichtiger Aldotetrosen, die in ihrer Projektionsformeln hier abgebildet sind.

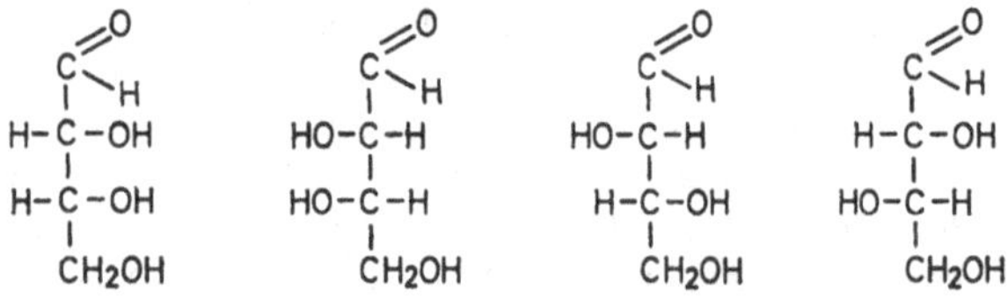

(−)-Erythrose (+)-Erythrose (−)-Threose (+)-Treose

Die Projektionsformeln der Aldotetrosen erhält man nach der Fischer-Konvention, unter der Berücksichtigung, daß dasjenige C-Atom mit der höchsten Oxydationsstufe den Kopf bildet (hier die Aldehydfunktion).

11. erythro- und threo-Formen

Da Verbindungen mit 2 asymmetrischen C-Atomen vielfach zum Studium von Reaktionen und Reaktionsmechanismen herangezogen werden, dienen die Vorsilben *erythro* und *threo* häufig zur Kennzeichnung von Verbindungen, die an den beiden benachbarten optisch aktiven C-Atomen mindestens zwei gleiche oder ähnliche Substituenten tragen. Substituenten, die auf der gleichen Seite haften, werden als *erythro*-Form bezeichnet, während Verbindungen, in denen die beiden benachbarten Liganden an den asymmetrischen C-Atomen auf der gegenüberliegenden Seite der Ebene haften, als *threo*-Form bezeichnet werden.

Beispiel: Ephedrin besitzt zwei asymmetrische C-Atome, so daß außer den beiden spiegelbildisomeren Ephedrinen noch ein zweites Antipodenpaar, die Pseudoephedrine, existiert. Die beiden natürlich vorkommenden

Formen unterscheiden sich damit nur in der Anordnung der sekundären Alkoholgruppe:

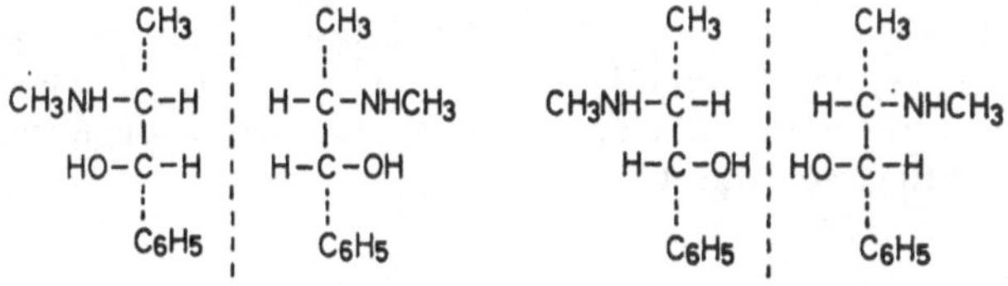

D(+)-Ephedrin D(−)-Ephedrin L(−)-Pseudo-ephedrin L(+)-Pseudo-ephedrin

Von den beiden Formen wäre das *D*(—)-Ephedrin als *erythro*-Form und das *L*(+)-Pseudophedrin als *threo*-Form zu bezeichnen.

Die Molekeln von (+)- und (—)-Erythrose verhalten sich zudem wie Bild und Spiegelbild. Derartige Verbindungen besitzen aber gleiche physikalische und chemische Eigenschaften und drehen die Ebene des linear polarisierten Lichtes um genau den gleichen Betrag, aber in entgegengesetztem Sinn. Derartige Verbindungen werden als Enantiomere bezeichnet. Die folgenden Molekel-Paare können damit ebenfalls als enantiomere Verbindungen bezeichnet werden:

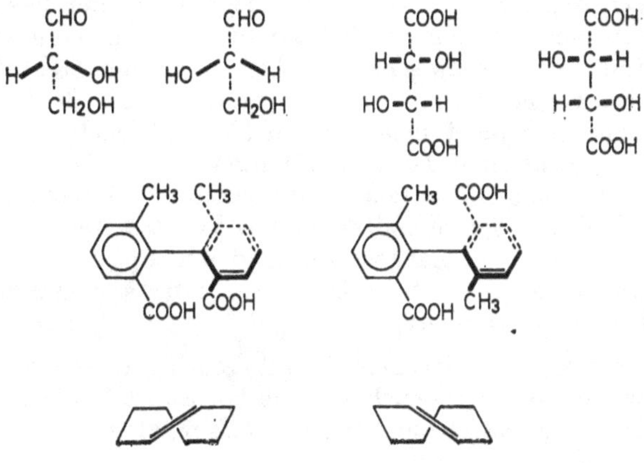

Chirale Gruppen, die sich wie Bild und Spiegelbild verhalten, werden ebenfalls als enantiomere Gruppen bezeichnet.

Eine auch heute noch in der Literatur häufig anzutreffende *erythro*- und *threo*-Schreibweise sei an einem anderen gebräuchlichen Modell, der sog. Sägebock-Schreibweise dargestellt:

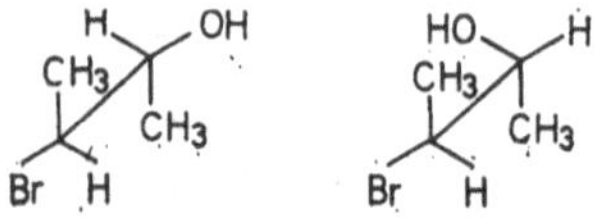

erythro (eines der Enantiomeren) threo (eines der Enantomeren)

3-Brom-butanol-2

12. Der Begriff der Diastereoisomerie

Vergleicht man nun eine beliebige Form der beiden Erythrosen mit einer beliebigen der beiden Threosen, so fällt auf, daß zwischen den beiden Formen wohl das Verhältnis einer Stereoisomerie besteht, aber da beide Formen sich nicht mehr wie Bild und Spiegelbild verhalten, nicht mehr das einer Enantiomerie.

Verbindungen, bei denen sich bestimmte Molekülteile wie Bild und Spiegelbild verhalten, das gesamte Molekül aber nicht im Verhältnis vom Bild und Spiegelbild zueinander stehen, werden Diastereoisomere genannt, oder anders formuliert:

Stereoisomere, die nicht Enantiomer sind, werden als Diastereoisomere bezeichnet. Hierbei ist zu berücksichtigen, daß Diastereoisomere sowohl chiral als auch achiral sein können, was an einigen Beispielen erläutert werden soll:

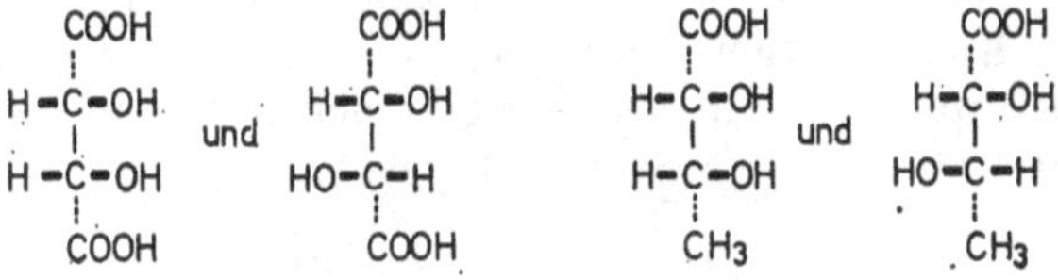

achiral chiral chiral

In diesem Beispiel liegen Diastereoisomere vor, von denen das erste achiral und das zweite chiral ist, d. h. mit der Diastereoisomerie ist nicht immer eine Moleküldissymmetrie verbunden.

Noch ein wesentlicher Unterschied scheint bemerkenswert: bei Enantiomeren Verbindungen sind die intramolekularen Abstände zwischen den einander entsprechenden Atomen paarweise gleich. Bei Diastereoisomeren findet man keine derartige Zuordnung von innermolekularen Atomabständen, daß die sich jeweils entsprechenden Abstände bei beiden Diastereoisomeren einander gleich wären. Das bedeutet für solche Isomere, daß sie sich im Siede- und Schmelzpunkt, sowie in der Löslichkeit, in den spektralen Eigenschaften und anderen physikalischen Eigenschaften unterscheiden. Diastereoisomere zeigen in jedem Falle auch unterschiedliche Reaktivitäten.

Die Threose spielt aber auch noch eine wichtige Rolle bei der

13. Konfigurationszuordnung einer Verbindung mit mehreren Asymmetriezentren

Hier gilt, daß in der Fischer-Projektion das am weitesten unten stehende asym.-C-Atom maßgebend sein soll. Dieses Prinzip wird jedoch bei den Aminosäuren durchbrochen, denn die der *D*-Threose analoge Aminosäure wird als *L*-Threonin bezeichnet, da bei den Aminosäuren stets die α-Aminogruppe für die Konfigurationszuordnung maßgebend ist.

Es ergibt sich so der Fall, daß zwei Verbindungen gleicher Konfiguration entgegengesetzten Reihen zugeordnet werden, weil das Bezugskohlenstoffatom jeweils ein anderes ist.

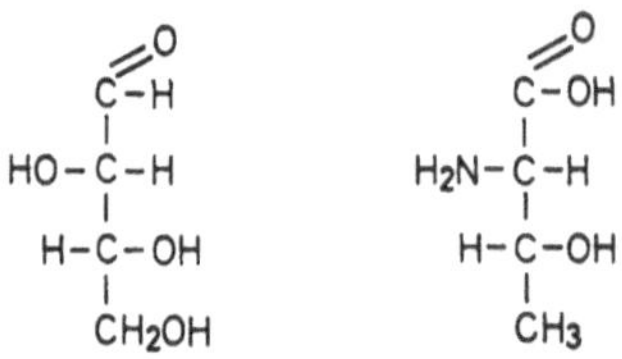

D-Threose L-Threonin

Diese Beispiele machen deutlich, daß die Ableitung der Konfiguration aus einer Konventionsschreibweise zu Unklarheiten, Kompromissen und Komplikationen führt.

Die Molekel der Weinsäure enthält zwei asymmetrische C-Atome, oder besser chirale Zentren, die in Analogie zum vierwertigen Alkohol-Erythrit die Besonderheit aufweisen, daß sie strukturell gleichwertig sind. Für Verbindungen, die ein oder mehrere asymmetrische C-Atome besitzen, die die gleiche Folge von Liganden besitzen, gilt aber die allgemeine Formel für die Berechnung der Anzahl von Stereoisomeren nicht mehr. Obgleich zunächst vier Formen möglich scheinen, existieren tatsächlich nur drei Formen, nämlich die beiden optischen Antipoden, die (+)-Weinsäure und die (—)-Weinsäure, die enantiomer sind. Die denkbare dritte und vierte Form können aber durch Drehung um 180° in der Papierebene ineinander übergeführt werden, die beiden Molekelhälften sind damit intramolekular kompensiert, die Drehung der beiden Molekelhälften ist aufgehoben. Beide Formen gehen außerdem durch Spiegelung an der durch die Mitte des Moleküls liegenden Spiegelebene auseinander hervor, so daß die resultierende Verbindung inaktiv ist.

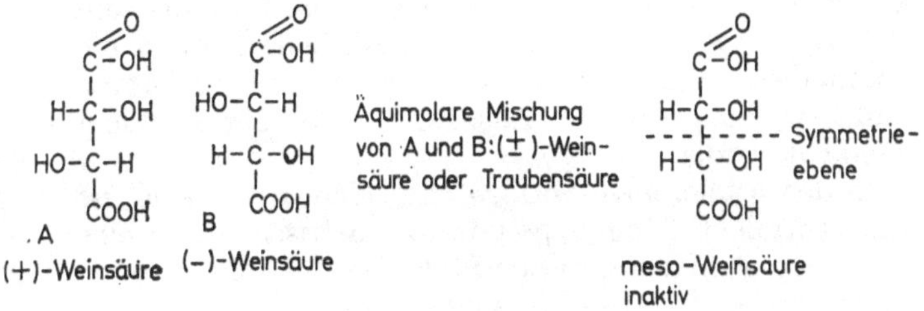

Diese inaktive Form ist damit aber zugleich eine diastereoisomere Form, die allgemein als *meso*-Form bezeichnet wird, sofern nicht noch andere chirale Gruppen im Molekül vorhanden sind.

Damit muß eine solche Verbindung aber auch die Bedingung erfüllen, daß eine Umkehr der Konfiguration an einem bestimmten Atom nicht zu einem Enantiomerenpaar, sondern zu einem Diastereomerenpaar führt. Das wäre realisierbar, wenn zwei der vier Liganden verschieden und achiral und zwei chiral und zueinander enantiomer sind. Das beste Beispiel, an dem dies demonstriert werden kann, sind die Trihydroxyglutarsäuren.

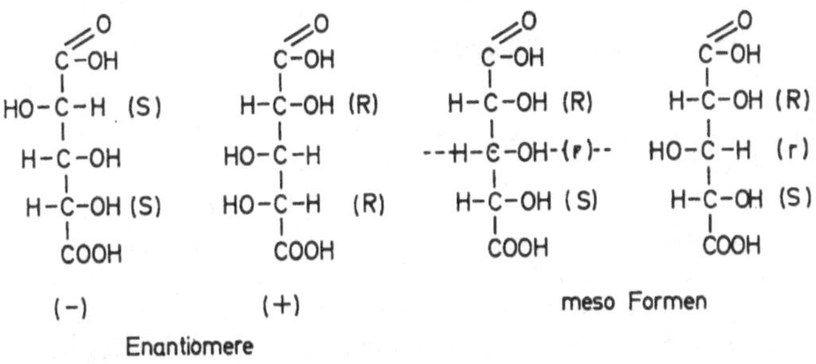

In den beiden Enantiomeren ist das zentrale C-Atom 3 achiral, obgleich die Molekel als Ganzes chiral ist. Verändert man nun die Anordnung der Substituenten am C-3, so bleibt die Molekel aber unverändert, denn die durch diese Änderung entstandene Verbindung könnte durch Drehung mit der Ausgangsmolekel zur Deckung gebracht werden.

In den beiden *meso*-Formen, die beide achiral sind, ist das zentrale C-Atom 3 pseudoasymmetrisch, denn eine Änderung der Konfiguration führt das eine *meso*-achirale Stereoisomere in eine andere *meso*-Form über.

Die *meso*-Formen unterscheiden sich von ihren optisch aktiven Diastereoisomeren durch ihre chemischen und physikalischen Eigenschaften genauso, wie sich die optisch aktiven Diastereoisomeren voneinander unterscheiden. *meso*-Weinsäure schmilzt bei 140 °C, die beiden (+)- und (—)-Weinsäuren dagegen bei 170 °C.

Die (±)-Weinsäure ist also eine äquimolare Mischung chiraler Molekeln entgegengesetzter Händigkeit, optisch inaktiv durch einen Kompensationsprozeß, aber spaltbar in die optisch aktiven (+)- und (—)-Formen, und *meso*-Weinsäure ist eine Form mit an sich chiralen Teilen die nicht in die optisch aktiven Komponenten spaltbar ist.

14. Das pseudoasymmetrische C-Atom

Im Bereich der Naturstoffchemie spielt häufig der Begriff des pseudoasymmetrischen C-Atoms noch eine große Rolle. Nach den bisherigen Überlegungen muß ein Atom als pseudoasymmetrisch bezeichnet werden, wenn es mit zwei enantiomeren Gruppen (+)*a* und (—)*a*, sowie zwei weiteren Gruppen oder Atomen *b* und *c* besetzt ist, die nun unterschiedlich sein müssen von *a*, sich voneinander unterscheiden müssen und nicht enantiomer miteinander sind.

In der voranstehenden Abbildung ist das mit C* bezeichnete C-Atom pseudoasymmetrisch. In dem ersten Beispiel

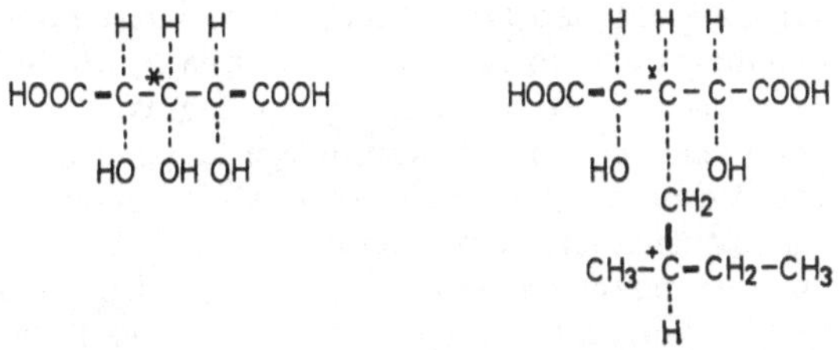

führt der Wechsel von H und OH am pseudoasymmetrischen C-Atom zu einer neuen achiralen Verbindung, die ein achirales Diastereoisomeres wäre. Im zweiten Beispiel können durch Inversion an dem C*- und C+-Diastereoisomere gebildet werden. Die vier möglichen Diastereoisomere sind zudem alle chiral durch die $^{-}CH(CH_3)$ CH_2CH_3-Gruppierung. Damit wird deutlich, daß die Verbindungen, die sich am pseudoasymmetrischen C-Atom voneinander unterscheiden, zur Gruppe der Diastereoisomeren gehören.

Die Konfigurationssymbole für pseudoasymmetrische C-Atome werden mit *r* und *s* bezeichnet.

Wichtig bleibt also festzustellen, daß Verbindungen, die ein pseudoasymmetrisches C-Atom enthalten, sowohl chiral als auch achiral sein können. Wenn zwei Liganden *b* und *c* achiral sind, wird auch das Gesamtmolekül achiral sein. Wenn dagegen eine oder beide nicht enantiomere Liganden *b* und *c* chiral sind, wird auch das Gesamtmolekül chiral sein, da dieses Molekül nicht mit seinem Spiegelbild identisch sein wird.

15. Racematformen

Am Beispiel der Traubensäure hat Pasteur erstmalig die Trennung eines Racemats in die beiden optischen Antipoden durchgeführt.

Liegen äquivalente Mengen zweier Enantiomere des

gleichen Moleküls nebeneinander vor, so bezeichnet man dieses Gemisch als ein racemisches Gemisch, unabhängig davon, ob es fest, flüssig oder gasförmig vorliegt. Eine homogene feste Phase, die äquimolare Mengen der enantiomeren Verbindung enthält, wird als racemische Verbindung bezeichnet, ein Gemisch von äquimolaren Mengen der enantiomeren Verbindung, die in fester Phase nebeneinander vorliegen, wird als racemisches Gemisch bezeichnet und jede homogene Phase, die äquimolare Mengen der enantiomeren Verbindung enthält, wird darüber hinaus als Racemat bezeichnet.

16. Der Begriff der Konfiguration

Der bisher häufig verwendete Begriff der Konfiguration soll an dieser Stelle näher betrachtet werden.

Unter Konfiguration versteht man die räumliche Anordnung der Atome oder auch Gruppen um den dissymmetrischen Teil einer Molekel. Dieser dissymmetrische Teil wird in den meisten Fällen ein asymmetrisches C-Atom sein. Die Formeln der (—)- und (+)-Milchsäure geben Molekeln gleicher Struktur aber verschiedener Konfiguration wieder, die Angabe des Drehsinns hat mit dieser Konfigurationszuordnung nichts zu tun. Dieser Wert trägt zufälligen Charakter.

In Verbindungen, die mehrere dissymmetrische Gruppierungen enthalten, ist die Konfiguration damit erst dann ausreichend bestimmt, wenn die Konfiguration an jedem einzelnen dissymmetrischen Zentrum bestimmt worden ist. Betrachten wir in diesem Zusammenhang wieder die Weinsäure: *meso*-Weinsäure und (—)-Weinsäure besitzen die gleiche Konfiguration an einem ihrer C-Atome, aber unterscheiden sich an einem anderen C-Atom.

Ebenfalls hierher gehören die *cis-trans*-Isomeren, die sich in ihrer Konfiguration unterscheiden, wenn die Doppelbindung oder auch eine Ringebene als Zuordnungsebene herangezogen wird.

16.1. Bezeichnungsweise

Gehen wir bei unseren Betrachtungen davon aus, daß Enantiomere sich in ihrer Konfiguration unterscheiden, daß sie entgegengesetzte Chiralität besitzen, so können wir auch sagen, daß Enantiomere entgegengesetzte Konfigurationen besitzen. Die Konfigurationen von Diastereoisomeren sind gleichfalls verschieden, aber nicht entgegengesetzt. Damit ergibt sich die Notwendigkeit eindeutige Symbole für die Bezeichnung der Konfiguration zu schaffen.

Die erste Methode geht davon aus, daß in einem Molekül die Kette so orientiert wird, daß das C-1 den Kopf der FISCHER-Projektion bildet. Liegt dann der Substituent X in der Kette RCHXR' auf der rechten Seite, so wird die Verbindung als D-Form bezeichnet, liegt der Substituent auf der linken Seite der Kette, so wird die Verbindung als L-Form bezeichnet.

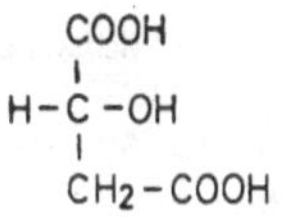
D(+)-Apfelsäure

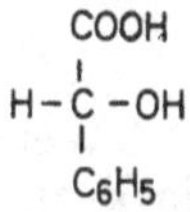
D-(−)-Mandelsäure

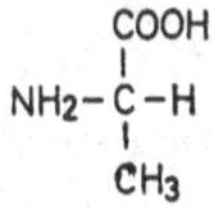
L(+)-Alanin

Die (—)-Milchsäure wäre damit auch als D-Milchsäure zu bezeichnen. Dieses Verfahren ist auch auf Verbindungen vom Typ $RR'CXR''$ anwendbar, unter der Voraussetzung, daß X ein Heteroatom ist und die Zuordnung nach der gleichen Konvention vorgenommen wird. Also z. B.

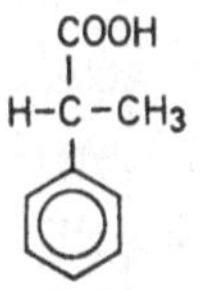
D(−)-Hydratropasäure

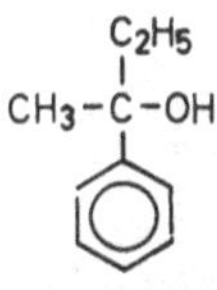
D(−)-2-Phenylbutanol-(2)

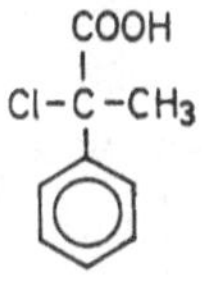
L-(+)-α-Phenyl-α-chlorpropionsäure

Trotz des offensichtlichen Vorteils dieser genetischen Nomenklatur stellten sich bald schwerwiegende Fehler heraus. Das nachfolgende Formelschema zeigt, daß der *D*(+)-Glycerinaldehyd prinzipiell auf genetischem Wege sowohl mit der (+)- als auch der (—)-Milchsäure korreliert werden kann:

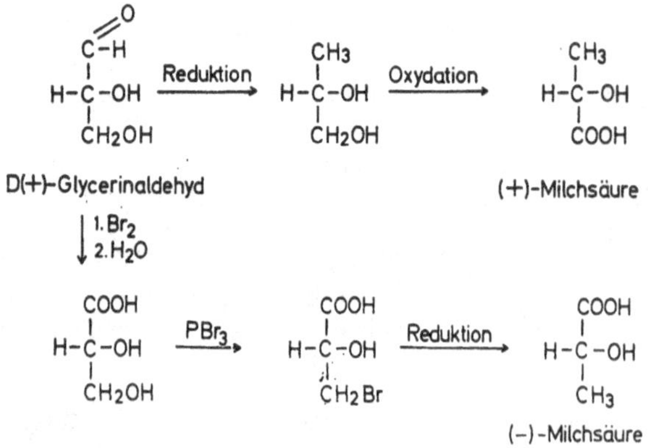

Auch die (+)- und (—)-Weinsäure kann so mit dem *D*(+)-Glycerinaldehyd in Beziehung gesetzt werden.

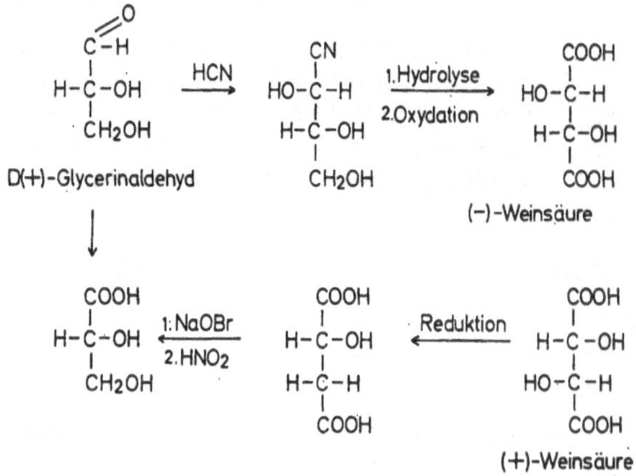

Auch bei der Wiedergabe der Nomenklatur als Projektion stellten sich Probleme ein:

1. α-Phenyläthylamin wird normalerweise, vor allem in der angelsächsischen Literatur, wie folgt dargestellt:

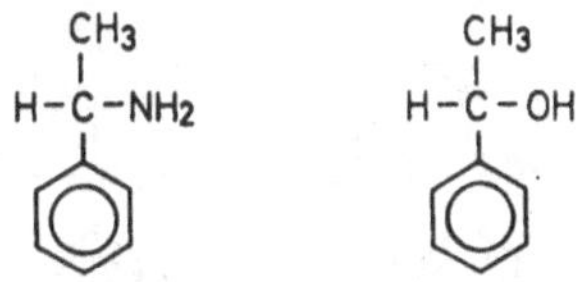

Damit befindet sich aber das C-Atom mit der höchsten Oxydationsstufe, nämlich das sp^2 hybridisierte C-Atom des Aromaten aber nicht im Kopf der Projektion, sondern am unteren Ende. Auch das α-Phenyläthanol kann nicht entsprechend den Konventionen der FISCHER-Projektionen wiedergegeben werden.

2. Es gibt eine Anzahl organischer Verbindungen, die praktisch nicht entsprechend den FISCHER-Konventionen dargestellt werden können. α-Phenyläthylessigsäure kann einmal so dargestellt werden, daß der Forderung, die längste Kette vertikal anzuordnen, Genüge getan wird, oder die Forderung, daß dasjenige C-Atom mit der höchsten Oxydationsstufe den Kopf der Kette bildet, erfüllt wird.

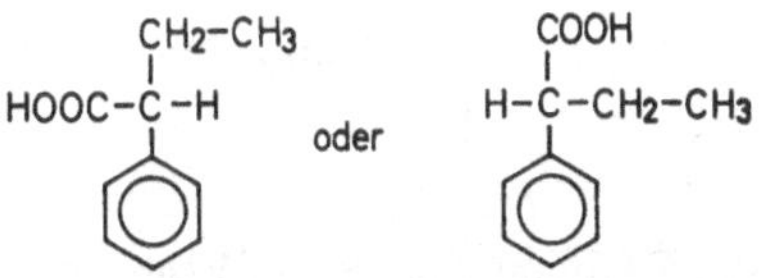

Das Molekül kann aber sicherlich nicht beide Konfigurationen besitzen.

Die ganze Problematik der genetischen Beziehungen der Konfigurationssymbolik wird deutlich beim Abbau der *L*-Hydratropasäure durch einen HOFMANN-Abbau des Säureamids zu α-Phenyläthylamin. Dieses Amin mußte auf Grund der Projektions-Nomenklatur als zur *D*-Reihe gehörig bezeichnet werden, legt man jedoch die genetischen Beziehungen zugrunde, so sollte es als zur *L*-Reihe gehörig

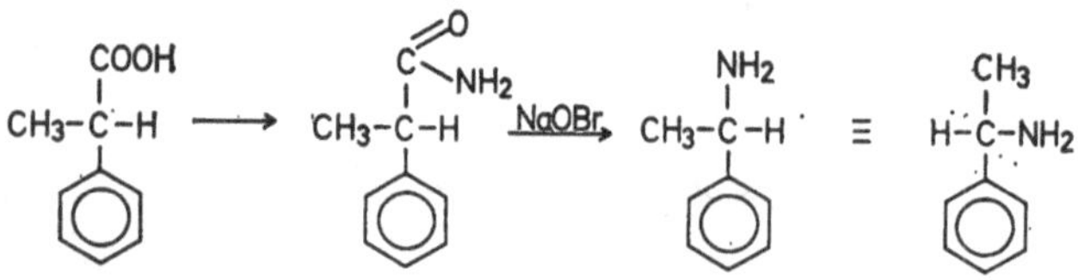

L(+)-Hydratropasäure D(−)-Phenyläthylamin.

formuliert werden. Schwierigkeiten im Gebrauch der *DL*-Nomenklatur treten auch auf, sobald Verbindungen mit mehr als einem asymmetrischen C-Atom bezeichnet werden sollen. In der (—)-Threose weist die Hydroxyfunktion am C-3 nach rechts, die am C-2 dagegen nach links. Damit wäre also wieder die Formulierung als *D*- und *L*-Form möglich.

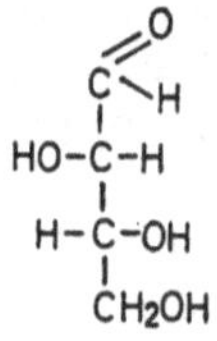

(−)-Threose

Um diesem Problem aus dem Wege zu gehen, wurde eine Zusatzregel eingeführt, nach der das der primären Alkoholgruppe benachbarte asymmetrische C-Atom mit seinen Liganden für die Zuordnung verantwortlich ist. Somit wäre die (—)-Threose als *D*-(—)-Threose und die (+)-Threose als *L*(+)-Threose zu bezeichnen. Das

Molekül (+)-Glucose sollte dann als $D(+)$-Glucose bezeichnet werden können, und das Molekül des Serins als $L(-)$-Serin.

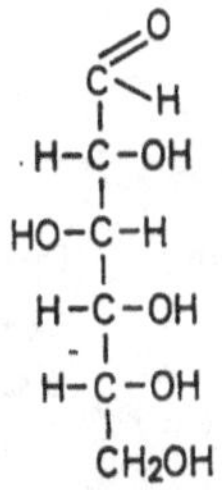

D(+)-Glucose

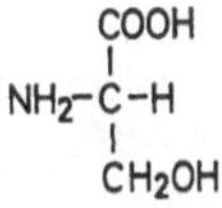

L(–)-Serin

Leider ist aber auch dieses Prinzip nicht generell anwendbar. Bei Verbindungen, die sowohl mit den Kohlehydraten als auch mit den Aminosäuren korreliert werden können, wird es insofern problematisch, als ja die Zuordnung bei den Kohlehydraten von dem asymmetrischen C-Atom mit der höchsten Bezifferung, also dem der primären Alkoholgruppen benachbarten asymmetrischen C-Atom abhängt. Bei den Aminosäuren erfolgt die Zuordnung am asymmetrischen C-Atom mit der niedrigsten Bezifferung. Beim Threonin könnte man so nach der Position des Liganden am αC-Atom zuordnen, oder nach der Lage der Aminofunktion:

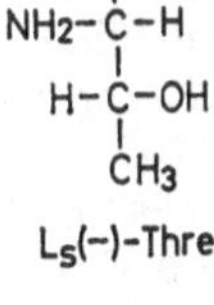

$L_s(-)$-Threonin

Ein zweites Beispiel zeigt die Bezugsmöglichkeit der Mannosäure.

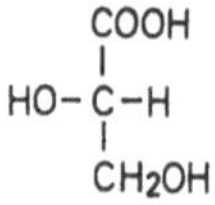

L(−)-Serin

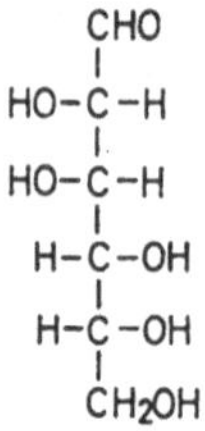

D(+)-Mannose

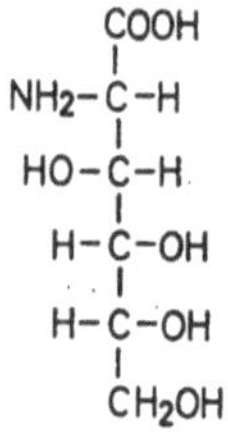

D_g-Manno-säure
L_s-Manno-säure
2-Amino-2-desoxy-D-manno-säure

Dieser Problematik aus dem Wege zu gehen, diente ein neuer Vorschlag. Hiernach sollte die (+)-Glucose künftig als $D_G(+)$-Glucose, und das (−)-Threonin z. B. als $L_S(-)$-Threonin bezeichnet werden. Der Index G in D_G soll dabei an Glycerinaldehyd und S in L_S an Serin als der jeweiligen Bezugssubstanz für zu getroffene konfigurative Zuordnung erinnern.

17. Die Cahn-Ingold-Prelog-Konvention

Diese Beispiele machen deutlich, daß die Ableitung der Konfiguration aus einer Konventionsschreibweise zu Unklarheiten, Kompromissen und Komplikationen führt. Seit langem erscheint es daher wünschenswert, ein System zur Kennzeichnung asymmetrischer Konfigurationen zu besitzen, das nur auf wenigen Grundregeln beruht, die unabhängig von einer bestimmten Schreibweise sind, das ferner von Bezugssubstanzen unabhängig und in sich widerspruchfrei ist.

Der erste Versuch, eine systematische Bearbeitung zu ermöglichen, geht auf das zur Spezifikation der absoluten Konfiguration von Enantiomeren durch ein in sich abgeschlossenes System von einigen, allgemein anwendbaren Regeln zurück. Dieses Verfahren schließt naturgemäß von vornherein die Abhängigkeit von genetischen Beziehungen, von Konventionen der Nomenklatur und der Wiedergabe von Formeln aus, von Gesichtspunkten also, die sich nicht in wenigen Regeln zusammenfassen lassen.

Das Sequenzregelverfahren ist von allen diesen Faktoren unabhängig und somit relativ einfach, weil es unmittelbar von räumlichen Modellen ausgeht. Dieses für die Vorstellung genutzte Modell ist nur aus Atomen und Bindungen aufgebaut. Es werden auf diese Weise dadurch für die Modelle spezifizierende Symbole erhalten, die so prägnant sind, daß sie in den Namen der Verbindung eingesetzt werden können. Dieses Verfahren basiert auf einer im Grunde einfachen Idee, und zwar wird die absolute Konfiguration von Enantiomeren spezifiziert, indem man die an ein Asymmetriezentrum angrenzenden Substituenten nach verhältnismäßig einfachen Regeln in eine bestimmte Reihenfolge (Sequenz) einordnet, nach der sich die absolute Konfiguration einwandfrei spezifizieren läßt.

17.1 Sequenzregel

Dieses sogenannte Sequenzregelverfahren besagt, daß die Priorität eines mit einem Asymmetriezentrum verbundenen Substituenten um so höher ist, je größer die Ordnungszahl des unmittelbar an das Asymmetriezentrum gebundenen Atoms ist. Besitzen zwei am Asymmetriezentrum haftende Atome die gleiche Ordnungszahl, so werden die damit verbundenen Atome zur Klassifikation herangezogen. Das Verfahren ist eindeutig und einfach, weil es unmittelbar von räumlichen Molekülmodellen ausgeht.

Wendet man dieses Verfahren auf die häufigsten Substituenten an, so erhält man die folgende nach fallender Priorität geordnete Reihe: J, Br, Cl, SO_2R, SOR, SR, SH, F, $OCOR$, OR, OH, NO_2, $NHCOR$, NR_2, NHR, NH_2,

CCl_3, COCl, COO*R*, COOH, $CONH_2$, CO*R*, CHO, CR_2OH, CHOH*R*, CH_2OH, CR_3, C_6H_5, CHR_2, CH_2*R*, CH_3, D, H.
Die folgenden Beispiele sollen das verdeutlichen:

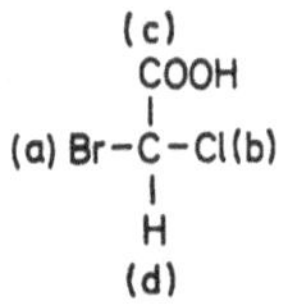

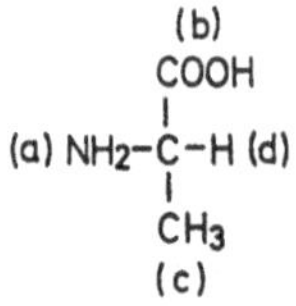

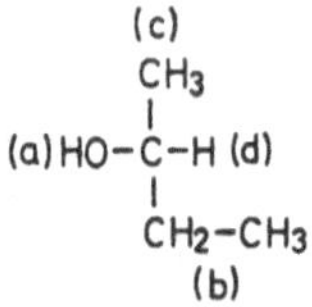

In der Chlorbromessigsäure bilden die am Asymmetriezentrum haftenden Substituenten folgende Sequenz:

(a) Br Ordnungszahl 35; (b) Cl Ordnungszahl 17; (c) C Ordnungszahl 6 (d) H Ordnungszahl 1

Im Alanin erhalten die Substituenten folgende Rangordnung:

(a) NH_2 (N vor C); (b) COOH (COOH vor CH_3) (c) CH_3; (d) H

Die Ableitung der Sequenz im Butan-2-ol ergibt:

(a) OH(O vor C); (b) C(C, H, H,) (Äthylgruppe vor CH_3); (c) C (H, H, H,) Methylgruppe vor H); (d) H

Nachdem die Sequenz der Substituenten festgelegt ist, erfolgt die Spezifizierung der Chiralität der fraglichen Verbindung, indem man so auf das Asymmetriezentrum blickt, daß der Substitution geringster Priorität (*d*) möglichst weit vom Betrachter entfernt ist, wie es die folgenden perspektivischen Bilder zeigen. Man erhält zunächst ein Bild in einer Darstellung, die der ersten Abbildung sehr nahe kommt. Dieses Bild betrachtet man nun wie ein Autolenkrad, bei dem die Lenksäule der Substituent geringster Priorität (*d*) ist.

Übertragen wir diesen Gedankengang auf unsere anderen Modelle, so ergeben sich die folgenden Bilder (die Pfeile in den Bildern geben die Blickrichtung an):

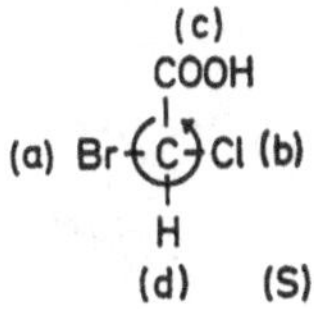

(S)-Chlorbromessigsäure

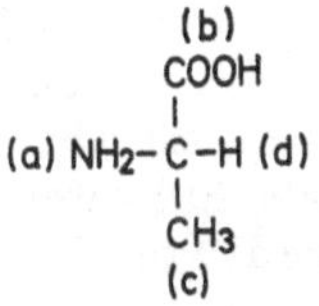

(S)-Alanin

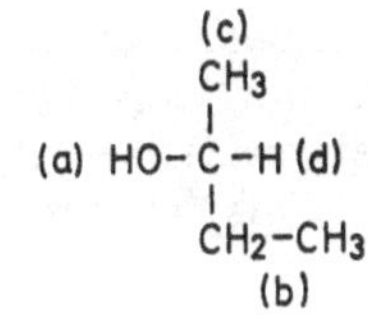

(R)-Butan-2-ol

Das betreffende Asymmetriezentrum hat *R*-Konfiguration (Rectus), wenn die Substituenten *a*, *b*, *c* um die Achse Betrachter—Asymmetriezentrum-Substituent-*d* im Uhrzeigersinn angeordnet sind. Sind die Liganden im Gegenuhrzeigersinn angeordnet, so liegt eine *S*-Konfiguration (Sinister) vor. Die Symbole *R* und *S* zur Bezeichnung der absoluten Konfiguration sollen dem Verbindungsnamen eingeklammert in Kursiv-Druck vorangestellt werden, so daß die unter den perspektivischen Formeln angegebenen Namen zustande kommen.

Soll mit diesen Buchstaben die relative Konfiguration angegeben werden, so sollten die Buchstaben mit Sternen versehen werden. In einer Molekel, dessen relative Konfiguration bekannt ist, kann z. B. ein Substituent eingeführt werden, dessen absolute Konfiguration aber bekannt ist. Hier wird in der Bezeichnungsweise der Stammverbindung dann die Konfiguration mit R^* und S^* angegeben, während die Konfiguration des Substituenten mit R und S angegeben wird.

(1R*,3S*)-1-Brom-3-chlorcyclohexan

Man kann diese absolute Konfiguration auch direkt aus einer FISCHER-Projektion ablesen, wenn man die zwei Substituentenpaare jeweils so austauscht, daß der Substituent *d* unten steht; *d* als Substituent niedrigster Rangordnung liegt dann entfernt vom Betrachter hinter der Tafelebene, so daß in der Aufsicht die Konfiguration direkt abgelesen werden kann. Es müssen allerdings (s. S. 30) beide Substituentenpaare ausgetauscht werden, denn beim Austausch nur eines Substituentenpaares tritt Umkehr der Konfiguration ein.

Dieses Verfahren soll am Beispiel des Alanins verdeutlicht werden:

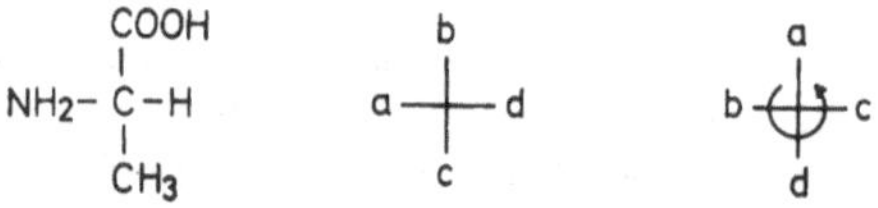

L-Alanin (S) Konfiguration

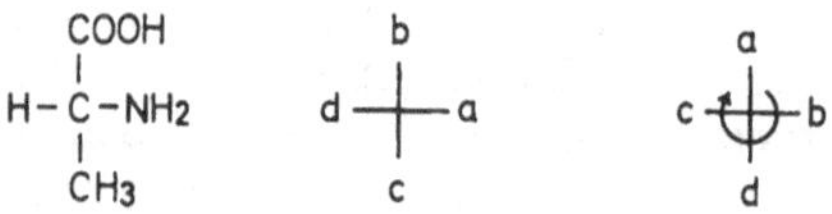

D-Alanin (R) Konfiguration

Enthält eine Verbindung mehrere asymmetrische C-Atome, so wird jedes für sich nach diesem System der

R- oder *S*-Reihe zugeordnet, und dem Präfix *R* und *S* werden die Bezifferungen der chiralen Zentren vorangestellt.

Beispiel: Choramphenicol

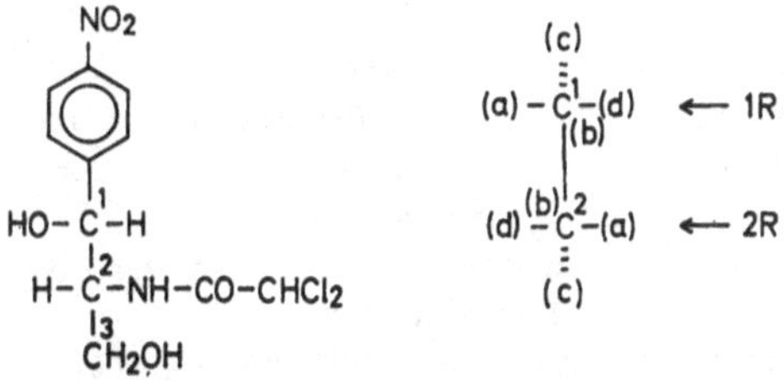

Die Sequenzen an den beiden chiralen Zentren können wie folgt bestimmt werden:

C1: (*a*) OH; (*b*) C-2 (N, C, H); (*c*) C (C, C, C); (*d*) H
C2: (*a*) NH_2; (*b*) C-1 (O, C, H); (*c*) C-3 (O, H, H); (*d*) H

Chloramphenicol ist damit korrekt wie folgt wiederzugeben:

(2*R*:3*R*)-1-(4′-Nitrophenyl)-2-dichloracetamido-1,3-propandiol.

In dem zweiten Beispiel der 2-Amino-3-hydroxybuttersäure ist die Sequenz wie folgt abzuleiten:

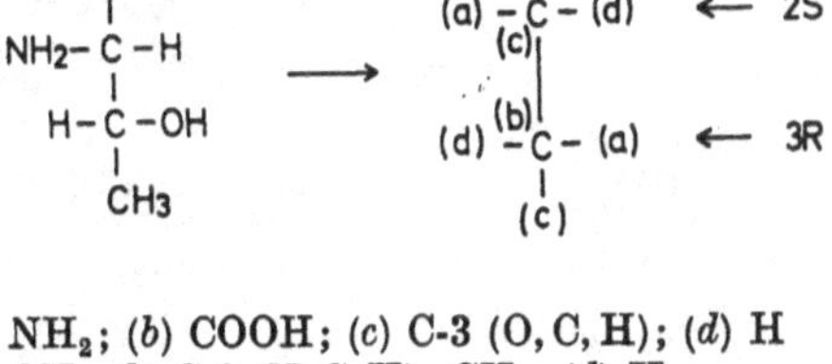

C2: (*a*) NH_2; (*b*) COOH; (*c*) C-3 (O, C, H); (*d*) H
C3: (*a*) OH; (*b*) C-2 (N, C, H); CH_3; (*d*) H

Die Säure ist damit (2*S*:3*R*)-2-Amino-3-hydroxybuttersäure. Die (+)-Weinsäure ist nach dieser Konvention:

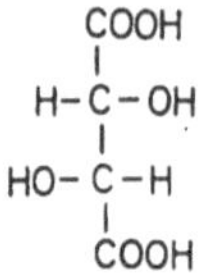

(2R:3R)-Dihydroxy-bernsteinsäure
(+)-Weinsäure

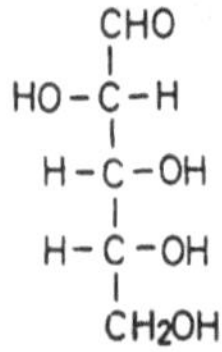

(2S:3R:4R)-5-Tetra-hydroxy-pentanal
(−)-Arabinose

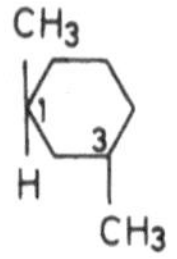

(1S:3S)-Dimethyl-cyclohexan

Ringverbindungen werden nach dieser Konvention ähnlich wie acyklische behandelt.

Bei aus Einzelindividuen zusammengesetzten Namen kann es erforderlich werden, das Chiralitätssymbol jeweils dem betreffenden Partialnamen hinzuzufügen, z. B. (*S*)-Adrenalin-(*S*)-Tartrat.

Eine wichtige Voraussetzung zur allgemeinen Anwendbarkeit dieser Konvention besteht darin, daß das Spezifizierungssystem in keinem Fall auf genetische Beziehungen Rücksicht nimmt. Dies soll am folgenden Beispiel erläutert werden: Aus dem (*R*)-Alkohol und der (*S*)-Äpfelsäure entsteht bei der Veresterung Bis-(*S*)-3-methoxy-2-methylpropyl-S-ester:

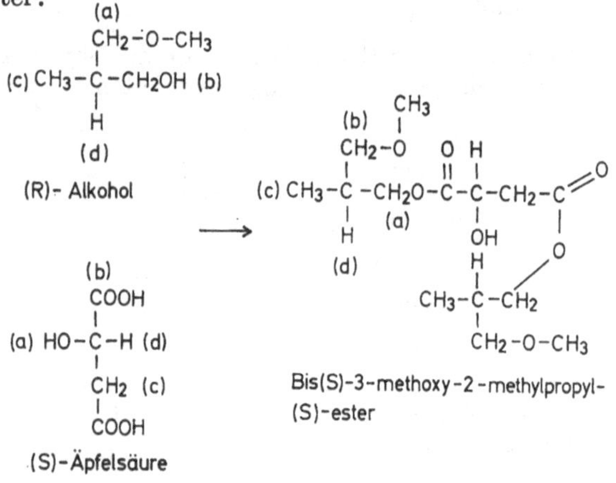

(R)-Alkohol

(S)-Äpfelsäure

Bis(S)-3-methoxy-2-methylpropyl-(S)-ester

In dem Ausgangsalkohol lautet die Sequenz: (*a*) CH_2OCH_3; (*b*) CH_2OH; (*c*) CH_3; (*d*) H, also die Äthergruppierung CH_2OCH_3 vor CH_2OH. In dem Endprodukt rangiert die veresterte Alkoholgruppe $CH_2O(CO)$— vor der Äthergruppe $CH_2O(CH_3)$, deswegen gehört der Ester zur *S*-Reihe.

Die Sequenzregel, auf der das ganze Spezifizierungs-System aufgebaut ist, muß so beschaffen sein, daß sie auf alle Asymmetriefälle anwendbar ist und dabei zu eindeutigen Ergebnissen führt. Damit wird eine weitere Regel erforderlich, die dann anwendbar ist, wenn eine Entscheidung durch die unmittelbar am Chiralitätszentrum haftenden Liganden nicht möglich ist. Zur Entscheidungsfindung wird die Betrachtung dann systematisch Schritt für Schritt auf weiter entferntere Atome ausgedehnt. Die Priorität genießt dann dasjenige Atom, von zwei gleichwertigen, das in der nächsten Folge mit einem Atom höherer Ordnungszahl verbunden ist. Wenn das zweitinnere Atom dann auch noch keine Entscheidung zuläßt, geht man zum dritten über, dann zum vierten usw. Die Spezifizierung des folgenden Alkohols soll das verdeutlichen:

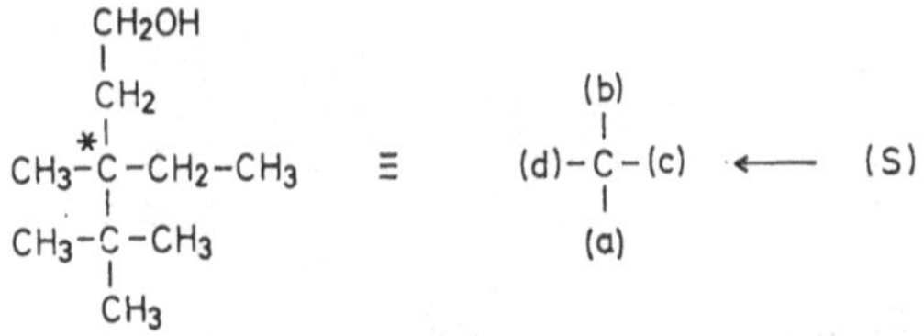

Unmittelbar am Chiralitätszentrum haften 4-C-Atome, deshalb müssen zur Klassifizierung deren Substituenten herangezogen werden. Folgende Gruppen sind vorhanden: eine tert. Butylgruppe (C(C,C,C), eine Methylgruppe (C(H,H,H), eine Hydroxyäthylgruppe (C(C,H,H) und eine Äthylgruppe (C(C,H,H). Die tert. Butylgruppe erhält die Priorität *a*, die Methylgruppe die Priorität *d*. Die Zuordnung der beiden anderen Gruppen ergibt sich aus der Tatsache, daß man bei Betrachtung der vom Asymmetriezentrum weiter entfernten Substituenten einmal die Gruppierung C(O,H,H) und einmal C(H,H,H) antrifft. Die Hydroxyäthylgruppe erhält daher die Priorität (*b*) und rangiert vor der Äthylgruppe (*c*). Die Verbindung besitzt damit (*S*)-Konfiguration und erhält die Bezeichnung (3 *S*)-3,4,4-Trimethyl-3-äthyl-pentanol.

Eine weitere Zusatzregel besagt, daß Substituenten mit Mehrfachbindungen so einzuordnen sind, daß sie mit einer bzw. zwei Duplikatdarstellungen der Ligandatome versehen werden, an die sie doppelt oder dreifach gebunden sind. Die Ligandatomzahl aller Atome außer Wasserstoff wird durch Hinzufügen von Phantomatomen mit der Ordnungszahl 0 auf vier ergänzt. Durch dieses Verfahren erhält die Vinylgruppe Vorrang vor der Isopropylgruppe, und der Phenylrest rangiert vor dem tert. Butylrest:

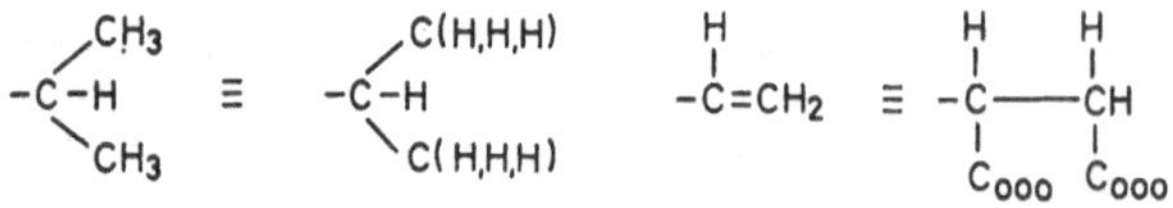

Vinylgruppe

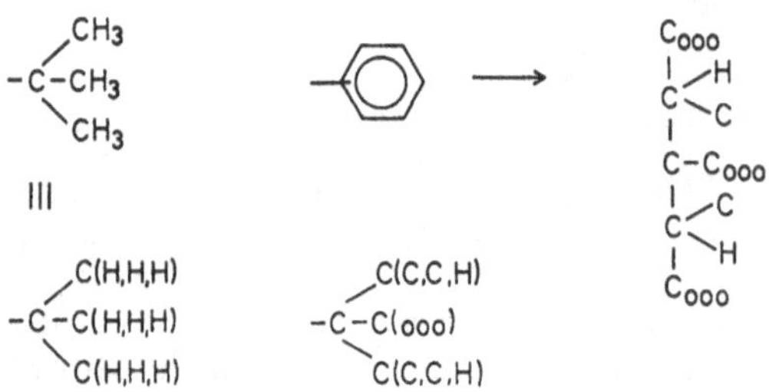

tert. Butylgruppe   Phenylgruppe

Die Behandlung einer Doppelbindung kann an einem einfachen Beispiel demonstriert werden. Betrachten wir eine Molekel, die ein chirales Zentrum und als ungesättigte Gruppe ein Carbonyl enthält. Wir nehmen an, daß sich die Liganden um das chirale Zentrum auf Grund der Ordnungszahl der Atome ordnen lassen. Nach dem Sequenzregelverfahren gehen wir in Gedanken vom chiralen Zentrum aus, folgen jeder seiner Bindungen und ermitteln den Rang der an ihren entfernteren Enden gefundenen Atome an Hand ihrer Ordnungszahlen. Entlang einer Bindung an einem Atom angekommen, untersuchen wir dann auf gleiche Weise alle seine anderen Bindungen, und wiederholen diesen Schritt, soweit es zur Spezifikation der Chiralität notwendig ist. Wenn wir am Carbonylkohlenstoff ankommen, zählen wir seine Doppelbindung als zwei Einfachbindungen, die beide am Sauerstoff enden. Wir nehmen an, das die eine Bindung am realen Sauerstoff und die andere am Duplikatsauerstoff endet. Nach dem wir entlang einer Carbonylbindung beim Sauerstoff angekommen sind, untersuchen wir seine andere Bindung und stellen fest, daß sie an einem C-Atom endet. Für die Bestimmung der Rangordnung stellen wir daher C=O durch

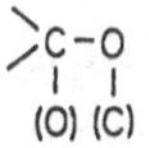

dar, wobei (O) und (C) Duplikatdarstellungen der doppelt gebundenen Atome sind. Wenn man dieses Beispiel verallgemeinert, so sieht man, daß bei der Formulierung von Mehrfachbindungen für die Anwendung der Sequenzregel nicht nur am zuerst angetroffenen Ende, sondern an bei den Enden jeder Doppel- oder Dreifachbindung ein bzw. zwei Duplikatdarstellungen des an ihrem anderen Ende befindlichen Atoms hinzugefügt werden müssen. Die vollständige Darstellung der Carboxylfunktion muß daher wie folgt aussehen:

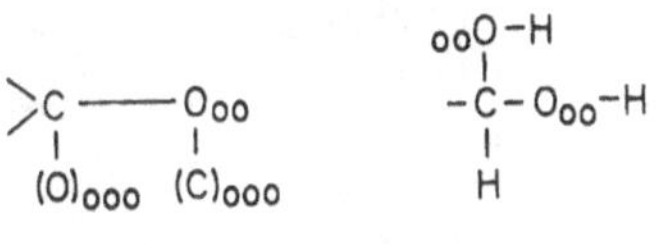

Würde man diese Duplikatdarstellung von beiden Seiten nicht durchführen, müßte zwangsläufig ein Aldehydhydrat die Priorität gegenüber der Aldehydfunktion haben.

Damit ergibt sich für den folgenden Alkohol eine (1*R*)-2,2-Dimethyl-1-phenylpropanol-Struktur,

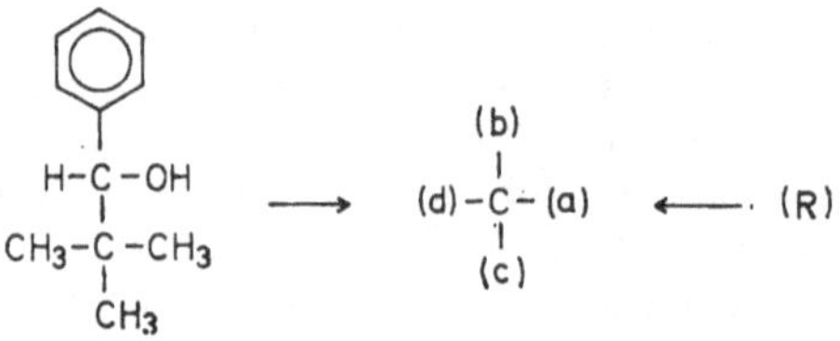

und im Falle des Glycerinaldehyds ergibt sich aus der Verdoppelungsregel, daß die Aldehydgruppe in der Sequenz vor der primären Alkoholgruppe rangiert.

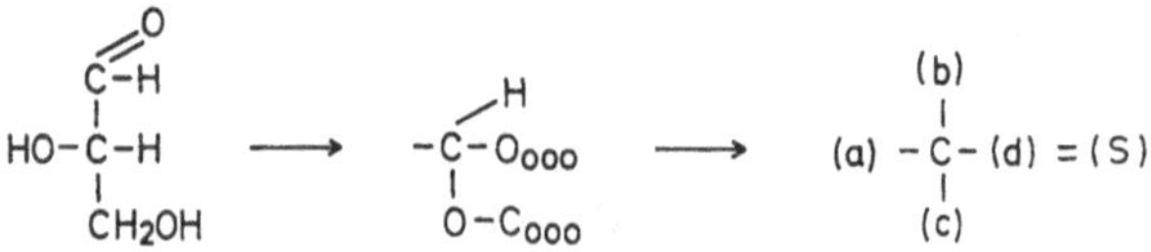

Die Verbindung stellt daher (*S*)-Glycerinaldehyd dar.

Enthält eine ringförmige Verbindung asymmetrische C-Atome, so erfolgt die Spezifikation der Chiralität nach den gleichen Regeln wie bei den offenkettigen Verbindungen. Dies soll am Beispiel des Morphins gezeigt werden, in dem die C-Atome 5, 6, 9, 13 und 14 zuzuordnen sind.

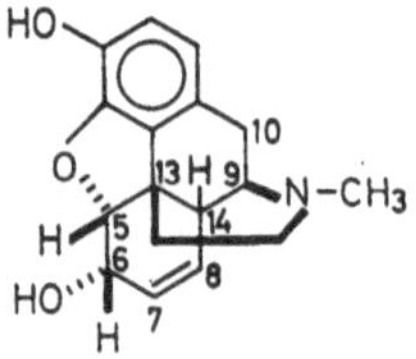

Chiral. Zentrum	*a*	*b*	*c*	*d*
C-5	O	C-6 (O, C, H)	C-13 (C, C, C)	H
C-6	O	C-5 (O, C, H)	C-7 (C, C, H)	H
C-9	N	C-14 (C, C, H)	C-10 (C, H, H)	H
C-13	C-5 (O, C, H)	C-12 (C, C, C)	C-14 (C, C, H)	C-15 (C, H, H)
C-14	C-9 (N, C, H)	C-13 (C, C, C)	C-8 (C, C, H)	H

Daraus ergibt sich die Chiralität des Morphins als (5*R*:6*S*:9*R*:13*S*:14R).

18. Die Konfiguration am Stickstoff; Zusatzregeln

Bei der Zuordnung am Stickstoff gelten zwei Regeln: =N setzt man für $<^{N}_{N}$ und ≡ für $\overset{N}{\underset{N}{<}}$N. Wirkliches $<^{N}_{N}$ hat aber die Priorität gegenüber dem =N.

Zur Spezifikation der Konfiguration chiraler quartärer Ammoniumverbindungen lassen sich die gleichen Regeln wie bei den Kohlenstoffverbindungen anwenden. Sie können auch auf konfigurationsstabile nicht quartäre Stickstoffderivate ausgedehnt werden, wenn man zusätzlich bestimmt, daß das freie Elektronenpaar am Stickstoff die niedrigste Prioritätsstufe erhält. Daraus ergibt sich für das natürliche Cocain am Stickstoff (*S*)-Konfiguration.

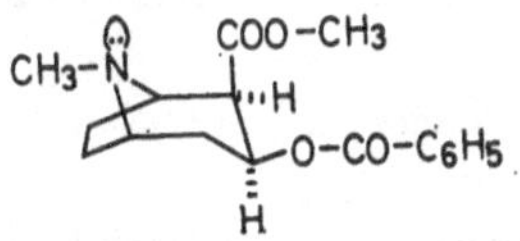

Die Sequenz wäre folgendermaßen abzuleiten:

C-1 (*a*) rangiert vor C-5 (*b*), was sich aus der Substitution von C-2(C,C,H) und C-4(C,H,H) ergibt. Nach C-5 folgt die N-Methylgruppe (*c*) und am Schluß das freie Elektronenpaar (*d*).

Nachdem wir bisher die Grundregeln der Konfigurations-Nomenklatur besprochen haben, ist es nunmehr erforderlich, einige Zusatzregeln zu erwähnen, die dann erforderlich werden, wenn sich die Sequenz zweier Gruppen nach dem Prinzip der höchsten Ordnungszahl nicht mehr entscheiden läßt. Grundsätzlich gelten hierbei:

1. die Aufgliederungsregel, die besagt, daß die Gesamtchiralität in Chiralitätselemente aufgegliedert wird, von denen zuerst die Zentren, dann die Achsen und schließlich die Ebenen behandelt werden, soweit dies notwendig ist, und

2. die Sequenzregel, die lautet: Die mit einem Chiralitätselement verknüpften Liganden werden geordnet, indem man vom Chiralitätselement ausgehend, den aufeinanderfolgenden Bindungen eines jeden Liganden und an den Verzweigungsstellen der Liganden den Wegen, die den betreffenden Liganden den höchsten Rang erteilen, soweit nachgeht, wie es für das vollständige Ordnen nötig ist, und die Liganden jedesmal nach dem Zurücklegen von je einer Bindung vergleicht, wobei man der Reihe nach und soweit notwendig, die folgenden Standard-Unterregeln verwendet, und zwar jede weitere nur dann, wenn die erschöpfende Anwendung der vorhergehenden keine Entscheidung ermöglicht hat.

(*0*) Das nähere Ende einer Achse bzw. die nähere Seite einer Ebene hat vor dem ferneren Ende bzw. der ferneren Seite den Vorrang.

(*1*) Die höhere Ordnungszahl von Atomen hat vor der niedrigeren den Vorrang.

(*2*) Die höhere Massenzahl von Atomen hat vor der niedrigeren den Vorrang.

(*3*) Seqcis hat vor seqtrans den Vorrang.

(*4*) Vorrang haben *R*,*R* oder *S*,*S* vor *R*,*S* oder *S*,*R*; *M*,*M* oder *P*,*P* vor *M*,*P* oder *P*,*M*; *R*,*M* oder *S*,*P* vor *R*,*P* oder *S*,*M*; *M*,*R* oder *P*,*S* vor *M*,*S* oder *P*,*R*; *r* vor *s*.

(*5*) *R* hat vor *S* und *M* hat vor *P* den Vorrang.

Die Zusatzregeln sind also in der angegebenen Reihenfolge anzuwenden. Aus dieser Reihenfolge geht hervor, daß das Ordnen nach materiellen Unterschieden stets den Vorrang vor dem Ordnen nach sterischen Unterschieden genießt und daß Unterschiede in der geometrischen Isomerie (*cis-trans*-Konfiguration) vor Chiralitätsunterschieden bei der Sequenzspezifizierung berücksichtigt werden müssen. Man geht also stets so vor, daß man gröbere Unterschiede vor feineren zur Spezifikation heranzieht.

Beispiel:

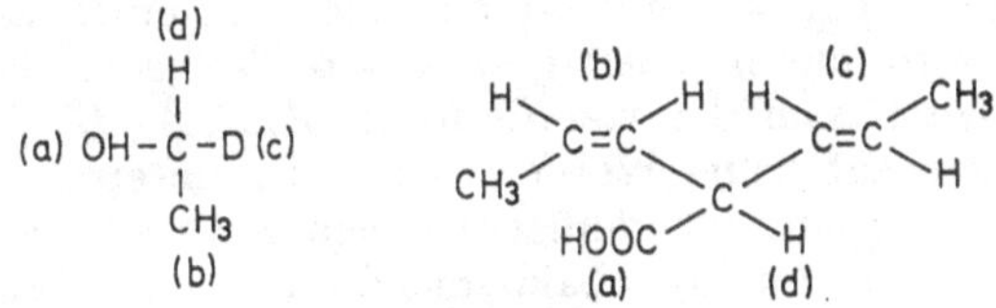

Das erste Beispiel stellt ein in der Methylengruppe deuteriertes Äthanol dar. Die Sequenz lautet: (*a*) OH, (*b*) CH_3, (*c*) D, (*d*) H. Es handelt sich demnach um (*S*)-Deuteroäthanol.

Bei der doppelt ungesättigten Carbonsäure besitzt die Carboxylgruppe die höchste Priorität (*a*). Der Wasserstoff am chiralen Zentrum hat die niedrigste (*d*). Die beiden Propenylgruppen lassen sich nach dem Prinzip der höchsten Ordnungszahl nicht unterscheiden. Hier rangiert nun die *cis*- vor der *trans*-Konfiguration, so daß *R*-Konfiguration vorliegt.

19. Axiale Chiralität und planare Chiralität

Es wurde bereits festgestellt, daß die Asymmetrie keine notwendige Bedingung für die Existenz von Enantiomeren ist. Es reicht vielmehr aus, daß der Molekel Symmetrieelemente 2. Art fehlen. Man kann danach die Diastereoisomeren gliedern in solche zentraler, axialer und planarer Chiralität, wovon die ausführlich besprochene erste Gruppe die häufigste ist. Das geschilderte System zur Klassifikation der Chiralität ist jedoch mit einigen Abänderungen und Zusatzregeln auch für diese Gruppe von Verbindungen anwendbar. Das Chiralitätszentrum einer Verbindung ist häufig ein vierbindiges Atom mit vier verschiedenen Liganden. Dadurch, daß man sich ein solches Chiralitätszentrum in einer Dimension ausgedehnt denkt, kommt man zu einer Chiralitätsachse und zu Verbindungen axialer Chiralität.

Die Chiralität von vier Gruppen, die paarweise um eine Achse angeordnet sind und nicht in einer Ebene liegen, wird durch einen gestreckten Tetraeder dargestellt. Wenn sich die vier Gruppen A, B, A', B' dieses Tetraeders auf keine Weise voneinander unterscheiden, dann hat er eine vierzählige Drehspiegelachse, die zur Chiralitätsachse wird, sobald irgendwelche Unterschiede zwischen den Gruppen Chiralität bedingen. Es ist wichtig festzustellen, daß zwischen den Gruppen, welche die Chiralität verursachen, für die Chiralität um eine Achse weniger Unterschiede notwendig sind, als für die Chiralität um ein Zentrum. So brauchen die in der Abbildung als A, B, A', B' bezeichneten vier Gruppen nicht alle verschieden zu sein: solange A von B und A′ von B' verschieden sind, ist das Modell chiral, selbst wenn in einem Paar die gleichen Gruppen vorkommen wie im anderen. Diese Form der Chiralität ist bisher in vier Beispielen realisiert: in Allenen, Alkylidencykloikanen, Spiranen und Biarylen. Diesen Typen muß nunmehr ein fünfter hinzugefügt werden, die Adamantoide, von denen eines schon in die Enantiomeren gespalten wurde.

Wenn eine Chiralitätsachse eine Dimension von den beiden anderen unterscheidet, so genügt eine nochmals verminderte Anzahl von Unterschieden in der Besetzung des umliegenden Raumes zur Bewirkung von Dissymmetrie bei Verbindungen mit einer Chiralitätsebene. Eine Chiralitätsebene entsteht dadurch, daß eine Symmetrie derartig aufgehoben wird, daß die Chiralität nur

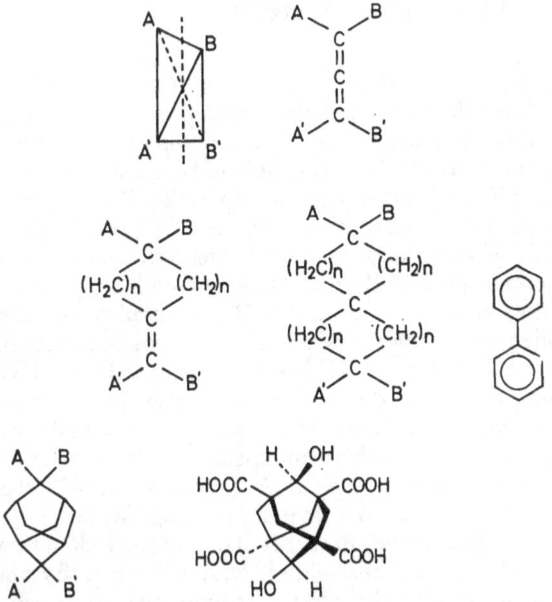

durch die Verschiedenheit der beiden Seiten dieser Ebene bedingt ist. Die Unterscheidung dieser beiden Seiten und ein Muster von drei Gruppen in der Ebene, von denen zwei oder drei sogar gleichartig sein können, ermöglichen die Spezifikation der Chiralität. Die meisten, wenn auch nicht alle, der zur Zeit verfügbaren Beispiele gehören zur chemischen Klasse der überbrückten Ringe mit Brückenköpfen in aromatischen Ringen.

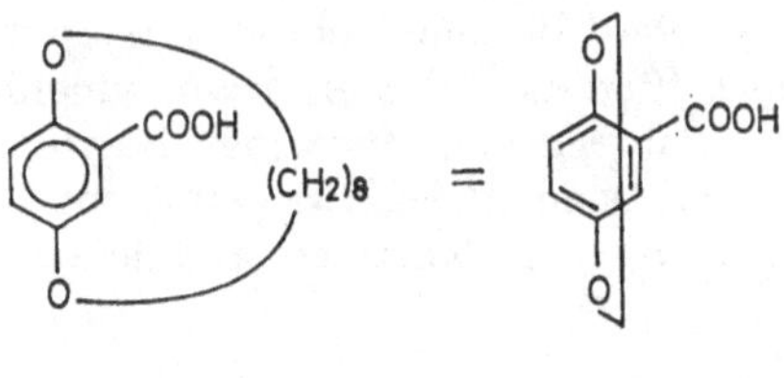

20. Chiralität und Helizität

Eine Helix ist durch eine Achse, ihren Schraubensinn, d. h. ihre Chiralität und ihren Gang, d. h. das Verhältnis der axialen linearen zu den angularen Bestimmungsgrößen charakterisiert. Die Helizität ist damit ein Sonderfall der Chiralität. Wenn das spezielle Helixmodell verwendet wird, wird eine von der Chiralitätsregel verschiedene Zuordnungsregel erforderlich. Die Helix kann manchmal unmittelbar im Molekelmodell erkennbar sein, wie dies z. B. bei sekundären Proteinstrukturen oder bei stabilen Konformeren wie z. B. den atropisomeren Biarylen der Fall ist. In anderen Fällen wird zur Identifizierung der Helix die sinngemäß begrenzte Sequenzregel verwendet. Wenn die Helix einmal identifiziert ist, braucht nur noch ihr Schraubensinn spezifiziert zu werden. Hierzu gilt die folgende Regel: Je nachdem, ob die identifizierte Helix links oder rechtsschraubig ist, wird sie mit „minus" bezeichnet und mit dem Symbol *M* versehen, bzw. mit „plus" bezeichnet, und mit dem Symbol *P* versehen. In der Biarylreihe entsprechen die nach dem Sequenzregelverfahren festgelegten Symbole *R* und *S* den Helizitätssymbolen *M* und *P* versuchen wir nunmehr diese Überlegungen auf ein Modell zu übertragen. Wir haben gelernt, daß sich Diastereoisomere in ihren physikalischen Eigenschaften beträchtlich unterscheiden. Gleiches gilt für diastereomere Polymere. Bekannte Beispiele sind Stärke (Poly-α*D*-glucopyranosid) und Cellulose (Poly-β-*D*-glucopyranosid), deren einziger Unterschied in der Konfiguration der Bindungen zwischen den Monomereneinheiten besteht.

Ist ein solches Monomer chiral und optisch aktiv, so gilt gleiches für das Polymer. Biopolymere, d. d. Polysacharide, Polypeptide, Proteine, Polynucleotide und Nucleinsäuren, sind gleichfalls chiral und optisch aktiv, da dies auch für die Bausteine, aus denen sie bestehen, gilt.

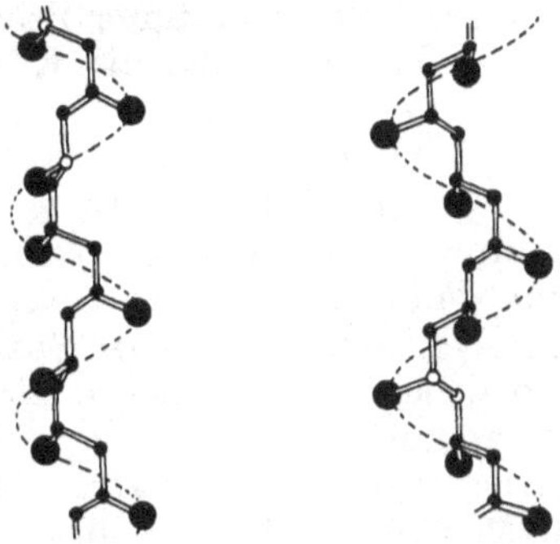

Die wahrscheinlich wichtigste Eigenschaft von Makromolekülen ist aber ihre Sekundärstruktur. Dieser Ausdruck bezeichnet die Konformation oder Knäuelung

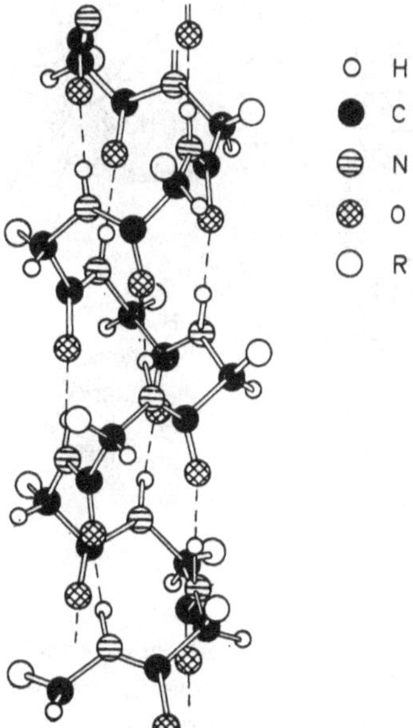

der Hauptkette, während man unter Primärstruktur die Konstitution des Polymers und die Konfiguration der asymmetrischen Kohlenstoffatome in der Hauptkette oder in den Seitenketten versteht. Selbst wenn die Primärstruktur keine chiralen Gruppen enthält, kann die Sekundärstruktur die einer Helix sein, wodurch das Makromolekül dann doch chiral wird. Beispielsweise haben Vinyl-Polymere im kristallinen Zustand Sekundärstrukturen, in denen die Hauptkette eine helixförmige Konformation annimmt.

Enthält ferner die Primärstruktur chirale Gruppen, so erhält das Molekül durch die Helixgestalt ein zusätzliches Element der Chiralität und damit die Möglichkeit zur Diastereoisomerie. Die folgende Abbildung zeigt eine Polypeptid-α-Helix, bei deren Betrachtung deutlich

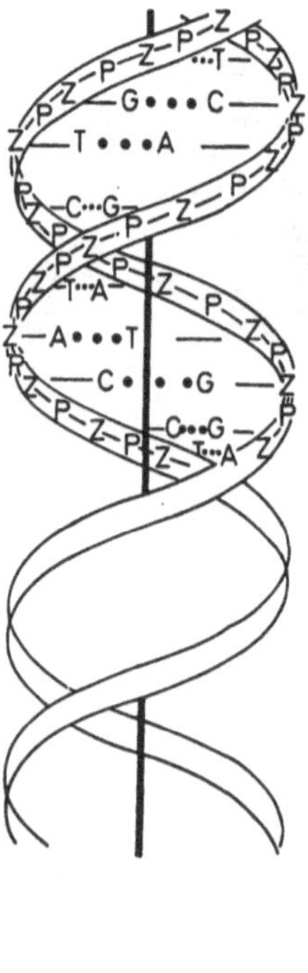

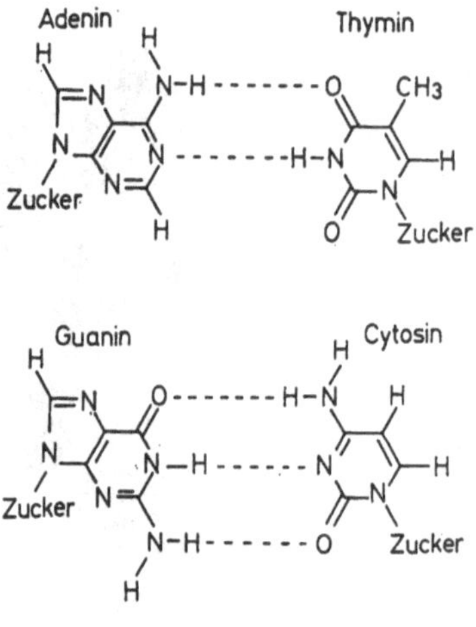

Doppelspirale der DNS (nach Watson und Crick)
Z = Zucker (Desoxyribose)
A, G, T, C = Nucleinbasen, P = Phosphat

wird, daß die Wechselwirkungen zwischen den nicht direkt miteinander verbundenen Atomen die benachbarten Windungen jeder Helix für die beiden Diastereomere verschieden sein müssen. Die Chiralität des Monomeren führt also zu einer bevorzugten Chiralität für die Hauptkette des Polymeren.

Die gleiche Überlegung gilt auch für die Doppelhelix der Desoxyribonucleinsäure (*DNS*). Jede der beiden Polynucleotidketten enthält in der Primärstruktur chirale *D*-2-Desoxyribose-Einheiten, und die absolute Konfiguration dieses Zuckers bestimmt die absolute Chiralität der doppelsträngigen Helix, die rechtsgängig also *P*-Konfiguration besitzt.

21. Der Begriff der absoluten Konfiguration

Die Bestimmung der absoluten Konfiguration, d. h. die Untersuchung der tatsächlichen Ligandenanordnung im Raum, erwies sich als ein außerordentlich schwieriges Problem. Da gewöhnliche Strukturanalysen nicht zum Ziele führten, mußten physikalische Verfahren herangezogen werden. Unter ihnen bieten sich vor allem die Röntgenstrahlung und die Elektronenbeugung an. Eine normal durchgeführte Röntgenanalyse läßt aber die Chiralität oder absolute Konfiguration eines einzelnen Enantiomeren nicht erkennen, d. h. sie eignet sich nicht zur Unterscheidung zwischen Enantiomeren, da diese Art von Strahlung nicht dissymmetrisch ist.

Diese Schwierigkeit läßt sich umgehen, wenn man das Verfahren der anomalen Röntgenstreuung zu Hilfe nimmt. Das geeignete Mittel um diese erforderliche Phasenverzögerung beim Beugungsprozeß am untersuchten Atom hervorzurufen, besteht darin, Röntgenstrahlen mit einer Wellenlänge zu benutzen, deren Wellenlänge etwas kürzer ist als die Wellenlänge der Absorptionskante des Atoms. Damit geben enantiomere Kristallstrukturen verschiedene Beugungsbilder, aus denen sich die räumliche Lage der Atomkerne im Kristall relativ zur Strahlungsquelle, d. h. die absolute Konfiguration ableiten läßt. Elemente, die sich als Zentren anomaler Röntgenstreuung eignen, sind besonders Jod, Brom und Rubidium. Die Ermittlung der absoluten Konfiguration von (+)-Weinsäure wurde daher mit Zirkon-α-Strahlung und dem Natrium-Rubidium-Tartrat durchgeführt. Die an den Rubidiumatomen gestreuten Röntgenstrahlen erleiden eine Phasenverzögerung, und liefern damit die strukturellen Parameter wie Bindungswinkel, Diederwinkel, Kernabstände, die man benötigt, um eine dreidimensionales Bild des Moleküls zu konstruieren.

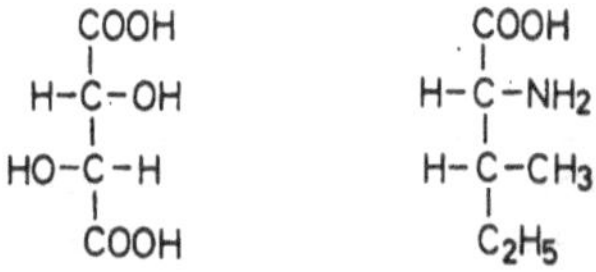

(+)-Weinsäure (−)-Isoleucin

Die gleiche Methode wurde auf Isoleucin-hydrobromid übertragen. Die Anwendung dieses Verfahrens auf Schlüsselsubstanzen der Konfigurationsbezeichnung lieferte dann zugleich die Möglichkeit, die absoluten Konfigurationen anderer chiraler Gruppierungen dadurch zu bestimmen, daß man sie zur Konfiguration einer Bezugssubstanz in Beziehung setzte. Aus einer relativen Konfiguration wurde so eine absolute Konfiguration. Für die Herstellung solcher Beziehungen gibt es zwei Möglichkeiten, von denen die eine auf chemischen Reaktionen, die andere auf einem Vergleich der physikalischen Eigenschaften beruht.

22. Ermittlung der relativen Konfiguration mit Hilfe chemischer Methoden

Es sind verschiedene Methoden für den Konfigurationsvergleich bekannt, die aber nicht alle in gleichem Maß zuverlässig sind.

Eindeutige Beziehungen zwischen Konfigurationen lassen sich mit Hilfe chemischer Reaktionen her-

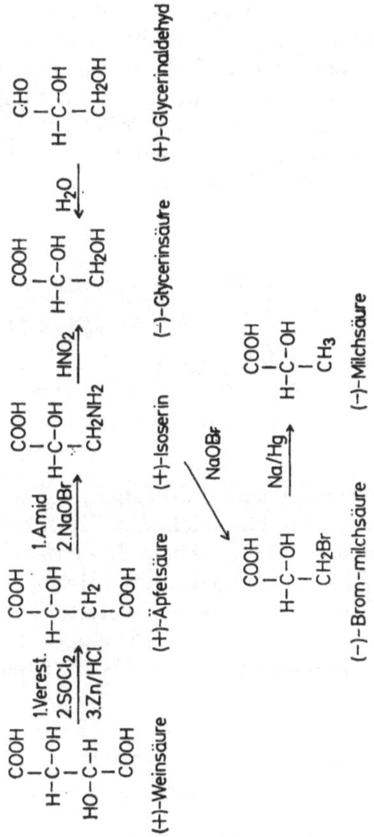

stellen, bei denen die Stereochemie der chiralen Gruppierungen unberührt bleibt. Bei asymmetrischen Atomen bedeutet dies, daß Bindungen, die vom asymmetrischen Atom ausgehen, weder zerstört noch gebildet werden dürfen. Ein Beispiel bildet die Festlegung der Konfiguration von (+)-Glycerinaldehyd, (—)-Milchsäure, (+)-Äpfelsäure, ausgehend von der (+)-Weinsäure:

(Formel siehe Seite 67)

Ist der Bruch einer vom asymmetrischen Kohlenstoffatom ausgehenden Bindung nicht zu vermeiden, so muß man Reaktionen verwenden, deren stereochemischen Verlauf man kennt. So beruht die Herstellung einer Konfigurationsbeziehung zwischen Milchsäure und Alanin auf der Kenntnis der Stereochemie des Übergangszustandes bei einer S_N2-Reaktion.

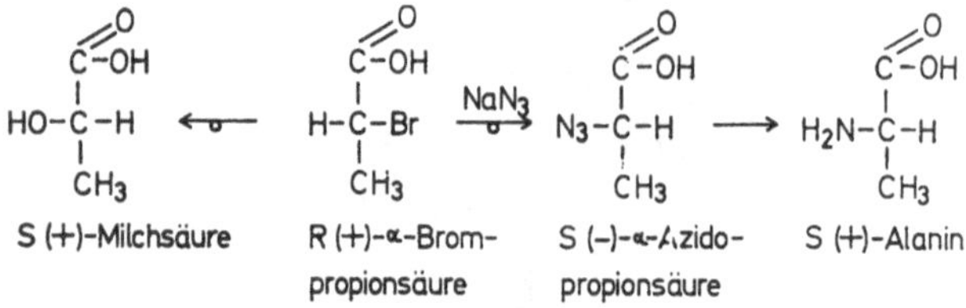

Auch stereospezifische 1.2-Wanderungen können verwendet werden. So läßt sich das Diazoketon der (*R*)-Hydratropasäure durch eine 1.2-Wolff-Umlagerung in das (*S*)-α-Phenyläthylketon überführen, dessen Hydrolyse (*S*)-Homohydratropasäure liefert. Durch ähnliche Reaktion kann man auch α-Phenaläthylamin und α-Phenyläthylalkohol mit der (*R*)-Hydratropasäure korrelieren.

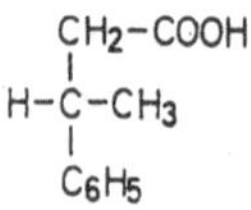

(S)-Homohydratropasäure

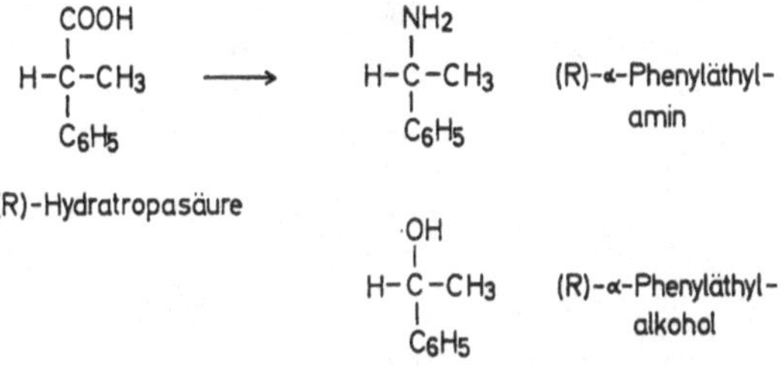

War bisher eine Konfigurationszuordnung nur durch eine Reaktion möglich, bei der keine Bindung am chiralen Zentrum gebrochen wurde, so soll als weitere Möglichkeit der Zuordnung noch ein Verfahren diskutiert werden, bei dem ein Bindungsbruch erfolgt. Voraussetzung ist allerdings, daß die Folgen dieses Bindungsbruches exakt bestimmt werden können. Betrachtet man unter diesem Gesichtspunkt eine Substitution, so kann man eine „Ersetzung" des ehemaligen Substituenten unter Retention (Erhaltung) der Konfiguration oder Inversion (Umkehr) der Konfiguration erwarten.

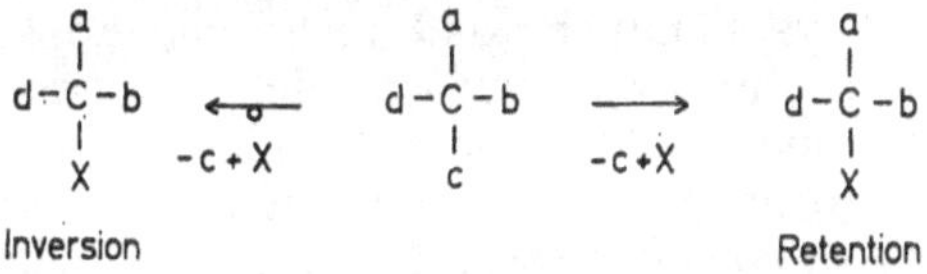

Ein allgemein bekanntes Beispiel hierfür ist die Walden-Inversion, die man sich am Modell wie folgt vorstellen kann: (s. Seite 70)

Der Substituentenaustausch erfolgt so, daß in dem gleichen Maße, wie die C-X-Bindung gelockert wird, die C-Y-Bindung entsteht. Hierbei wird intermediär die Bildung eines Übergangszustandes (transition state) angenommen, bei dem die drei Substituenten R_1, R_2 und R_3 mit dem zentralen C-Atom in einer Ebene liegen. Die Liganden X und Y bewegen sich auf einer Geraden, die auf dieser Ebene senkrecht steht.

Da außer dem sog. S_N-2-Mechanismus noch Reak-

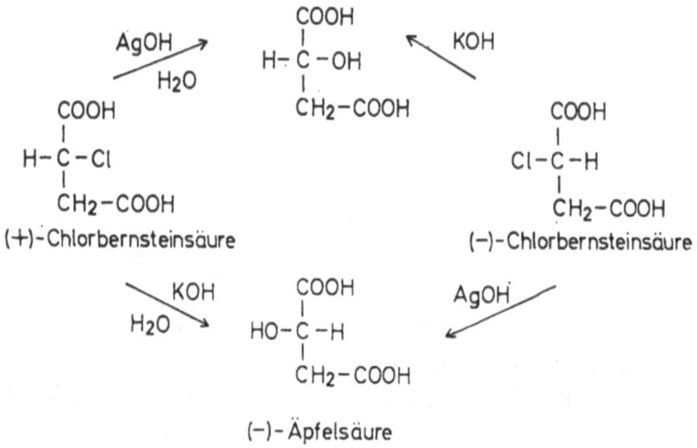

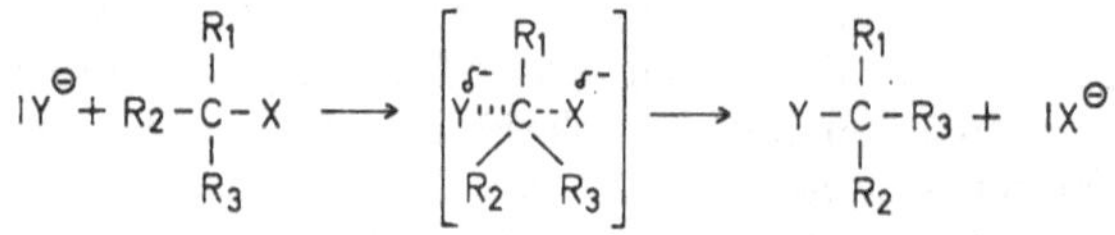

tionen nach einem S_N-1-Mechanismus sowie nach einem S_N-*i*-Mechanismus, der unter Retention abläuft, vor allem noch Reaktionen mit Nachbargruppen-Beteiligung ablaufen, ist verständlich, daß nicht alle Substitutions-Reaktionen unter WALDEN-Umkehr ablaufen. Verläuft allerdings eine Reaktion wie die alkalische Hydrolyse höherer 2-Brom-alkane, bei denen der Substituentenaustausch an einem chiralen Zentrum stattfindet, so daß der Angriff des neu eintretenden Substituenten von der Rückseite des Tetraeders her erfolgt, tritt bei der Substitution eine Umkehr der Konfiguration (Inversion) ein. Somit sind sämtliche Reaktionen dieser Art, die nach dem S_N-2-Mechanismus verlaufen, von einer WALDEN-Umkehr begleitet. Andererseits kann

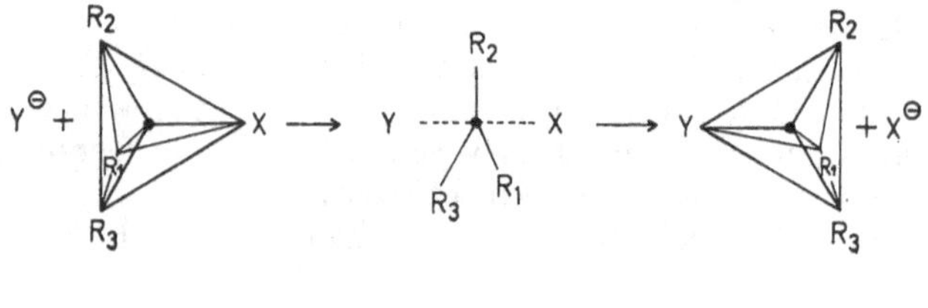

man aus einer beobachteten Inversion auf eine S_N-2-Reaktion schließen.

Die zweite wichtige und häufig angewandte Methode konfigurative Zusammenhänge abzuleiten, beruht auf einer intramolekularen Umlagerung einer ganzen Gruppierung, wie sie im Verlaufe von Hofmann-Abbau, Curtius-, Lossen-, Schmidt- und Beckmann-Umlagerungen stattfinden.

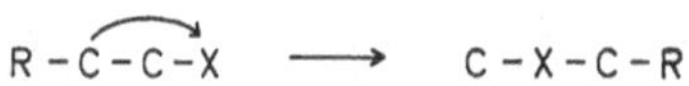

Ein Beispiel für diesen Reaktionsablauf, bei dem die intramolekular wandernde Gruppe die relative Konfiguration die sie vor der Wanderung besessen hat, behält, ist die Hydratropasäure, die schon verschiedentlich eine Rolle bei unseren Betrachtungen gespielt hat.

Hydratropasäure von 100% optischer Reinheit läßt sich beim Hofmann-Abbau in das α-Phenyläthylamin von 95,1%iger optischer Reinheit überführen, und beim Curtius-Abbau wird ebenfalls α-Phenyläthylamin von 99,3%iger optischer Reinheit erhalten.

(siehe Seite 72)

Ein Beispiel dafür, daß auch Beckmann-Umlagerungen unter Erhalt der relativen Konfiguration der wandernden Gruppe ablaufen, ist die Umlagerung des (—)-Methyl-γ-heptyl-ketons zu (+)-Acetoxy-γ-heptylamid.

23. Reaktionen mit Nachbargruppen-Beteiligung

Hierunter versteht man die Wirkung bestimmter funktioneller Gruppen, die eine negative Elementarladung oder freie Elektronenpaare besitzen, wie das Carboxylat-Anion auf das benachbarte Reaktionszentrum. Als Beispiel sei die Hydrolyse optisch aktiver α-Halogencarbonsäuren angeführt.

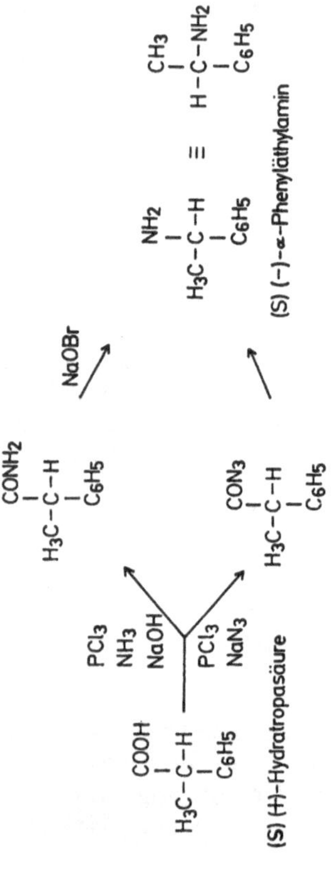

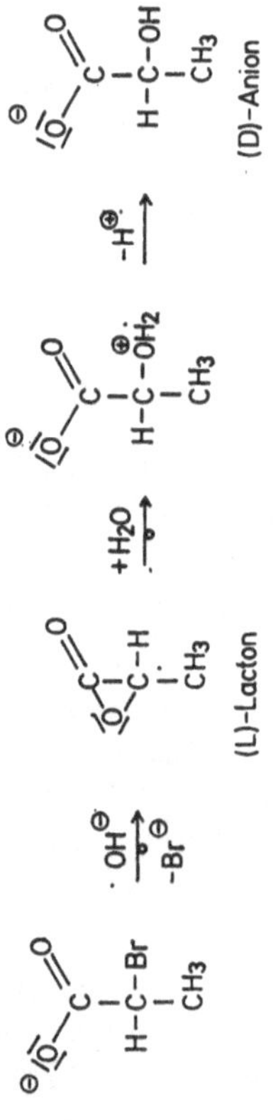

Während in stark alkalischem Milieu der Austausch des Halogenatoms im D-α-Bromproprionat-Anion gegen die Hydroxylgruppe nach einem S_N-2-Mechanismus unter WALDEN-Umkehr verläuft, bleibt die Konfiguration in verdünnt alkalischer Lösung erhalten. Diese Reaktion ist so zu verstehen, daß das nucleophile Carboxylat-Anion das α-ständige C-Atom von der „Rückseite" her angreift, so daß durch den Austritt des Bromid-Anions ein nicht isolierbares α-Lacton mit inverter Konfiguration entsteht. Dieses

Zwischenprodukt wird dann durch Wasser zu der α-Hydroxysäure gespalten, wobei erneut Inversion auftritt.

(Formel siehe Seite 72)

Beide aufeinanderfolgenden Inversionen heben sich auf, so daß die Konfiguration „scheinbar“ erhalten bleibt.

24. Ermittlung der Konfiguration durch physikalische Methoden

Eines dieser Verfahren wird allgemein als Methode der quasiracemischen Verbindungen, oder Quasiracemat-Methode bezeichnet. Zum Verständnis dieses Verfahrens müssen zwei wichtige Definitionen wiederholt werden:

1. Konglomerate sind einfache eutektische Gemische und
2. Racemate sind Verbindungen, deren Schmelzpunkte gewöhnlich unterhalb oder oberhalb der Schmelzpunkte der Enantiomeren liegen.

Die Erfahrung zeigte, daß Verbindungsbildung zwischen chemisch ähnlichen optisch aktiven Stoffen im allgemeinen nur dann auftritt, wenn die Verbindungen entgegengesetzte Konfiguration besitzen. Demgegenüber zeigen Verbindungen der gleichen Konfiguration Phasendiagramme wie gewöhnliche Mischungen. Die nachfolgende Abbildung zeigt zunächst die häufigsten Phasenbeziehungen zwischen Enantiomeren:

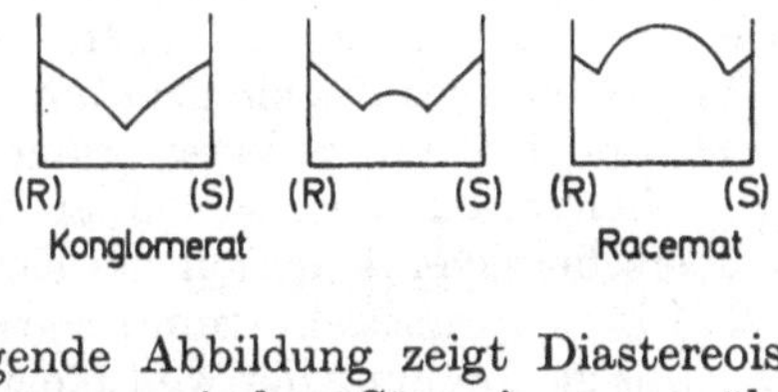

Die folgende Abbildung zeigt Diastereoisomere Phasenbeziehungen zwischen Stereoisomeren ähnlicher Substanzen *A* und *B*. In den Diagrammen kennzeichnen die ausgezogenen Kurven Phasenbeziehungen zwischen

Verbindungen entsprechender Konfiguration und die gestrichelten Kurven Phasenbeziehungen zwischen Verbindungen mit entgegengesetzter Konfiguration. Die Quasi-Racemat-Methode ist trotz ihres Vorteils in ihrer Anwendungbreite ziemlich beschränkt. Gültige Resultate werden nur dann erhalten, wenn z. B. (—) *A* und (+) *B* eine quasiracemische Verbindung und (—) *A* und (—) *B* zusätzlich ein Konglomerat bilden. Bilden beide Paare ein Konglomerat, gilt die Aussage nicht. Neuere Unter-

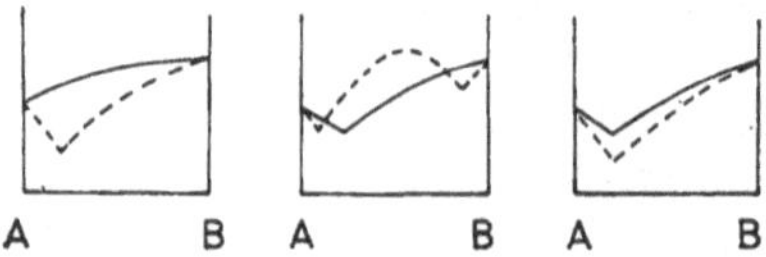

suchungen gehen sogar so weit zu fordern, daß nur dann eine Aussage möglich ist, daß (+) *A* und (—) *B* die gleiche Konfiguration besitzen, wenn sie Mischkristalle bilden und (+) *A* und (+) *B*, oder (—) *A* mit (—) *B* nur ein Konglomerat bilden.

25. Das Prinzip der kinetischen Racematspaltung zur Ableitung der Konfiguration

Eine Methode, die häufig zur Konfigurationsbestimmung genutzt wird, beruht auf dem Prinzip der kinetischen Racematspaltung.

Horeau beobachtete bei der Veresterung von sekundären optisch aktiven Steroid-Alkoholen mit racemischem (±) α-Phenylbuttersäureanhydrid unter bestimmten Bedingungen eine bevorzugte Veresterung eines Antipoden des (±)-Anhydrids, und schloß aus der Drehrichtung der überschüssigen Säure auf die Konfiguration des Alkohols. Die ursprünglich empirische Beziehung verknüpft die optische Drehung der Säure mit der Konfiguration des Alkohols auf folgende Weise:

Linksdrehende-α-Phenylbuttersäure (*R*-Konfiguration) zeigt *S*-Konfiguration des Alkohols an und umgekehrt weist rechtsdrehende Säure (*S*-Konfiguration) auf *R*-Konfiguration des Alkohols hin. Inzwischen ist dieser Mechanismus auf Grund reaktionskinetischer Betrachtungen eingehend diskutiert und korrigiert worden, so daß jetzt angenommen wird, daß das acylierende Agens — ein Acylammoniumion-*I* aus jeder beliebigen Konformation im Grundzustand mit dem optisch aktiven Alkohol *II* (z. B. mit *S*-Konfiguration) zu einem Übergangszustand *III* reagieren kann. Da die Reaktion auf kinetischer Kacematspaltung beruht, ist das Überwiegen eines Antipoden der Säure auf die Differenz der freien Aktivierungsenthalphie der beiden diastereomeren Übergangszustände *IIIa* und *Ib* zurückzuführen.

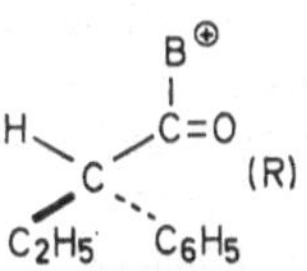

Ia

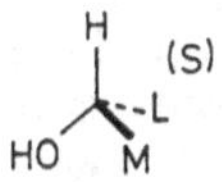

II

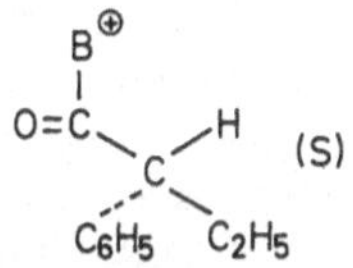

Ib

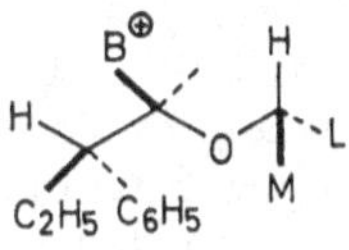

IIIa
R–S-Ester

M = mittlerer Substituent
L = großer Substituent
Alk. A und B M = CH_3
L = C_5

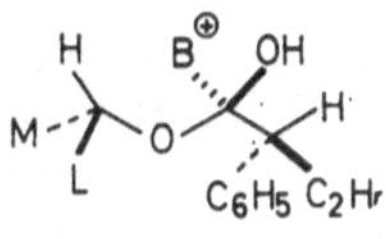

S–S-Ester

Wesentlich für das Auftreten einer Racematspaltung von (±) α-Phenylbuttersäureanhydrid ist vor allem der Größenunterschied der Liganden des optisch aktiven Alkohols. So stellte man z. B. bei C-3-OH-Steroiden ohne weitere Substituenten im Ring *A* keine bevorzugte Veresterung eines Antipoden fest. Daraus wurde der Schluß gezogen, daß für das Resultat der kinetischen Racematspaltung “nonbonded interactions” zwischen den Liganden des asymmetrischen Kohlenstoffatoms der Säure und denen des optisch aktiven Carbinols verantwortlich sind. Eine Erklärung für die bevorzugte Veresterung zwischen einem *R*-Alkohol und einer *R*-Säure und umgekehrt wurde aus folgender Überlegung abgeleitet: Von den möglichen Rotationskonformeren stellen die diastereomeren Übergangszustände *IIIa* und *IIIb* energetisch bevorzugte Konformationen dar. Da aber bei der *R*-*S*-Konfiguration die größeren Reste der Säure (C_6H_5) und des Alkohols (*L*) gegenüberstehen, werden hier die Wechselwirkungen zwischen den Liganden größer sein als bei der *S*-*S*-Verknüpfung. Daraus resultiert, daß die letztere bevorzugt wird, und linksdrehende *R*-Säure überwiegen muß. Umgekehrt wird bei Veresterung eines *R*-Alkohols überschüssige rechtsdrehende *S*-Säure erhalten. Die erste Voraussetzung für die kinetische Racematspaltung von (±)-α-Phenylbuttersäureanhydrid mit den beiden folgenden Alkaloiden, nämlich der Größenunterschied in den Liganden der optisch aktiven Alkohole ist in beiden Alkaloiden erfüllt. Werden beide Proben in wasserfreiem Pyridin mit α-Phenylbuttersäureanhydrid umgesetzt, so ergibt sich nach der Aufarbeitung auf Grund des ermittelten positiven Drehwerts der α-Phenylbuttersäure eine *R*-Konfiguration für das Alkaloid *A* am Zentrum C-20, während umgekehrt die *Epi*-Verbindung *B* an diesem Zentrum *S*-Konfiguration besitzen muß, wie aus der Bildung überschüssiger *R*-Säure hervorgeht.

Probe	$[\alpha]_D$	eingesetzte mmol	$[\alpha]_D$ der freien Säure	opt. Ausbeute	Konfiguration
A	−580	0,2	+0,35	22%	*R*
B	−510	0,1	−0,40	50,5	*S*

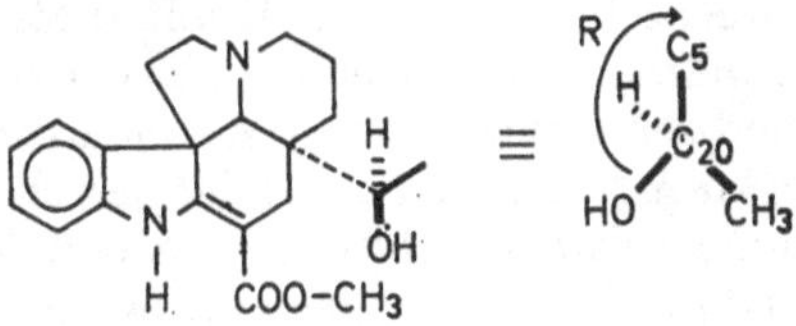

Alkaloid A

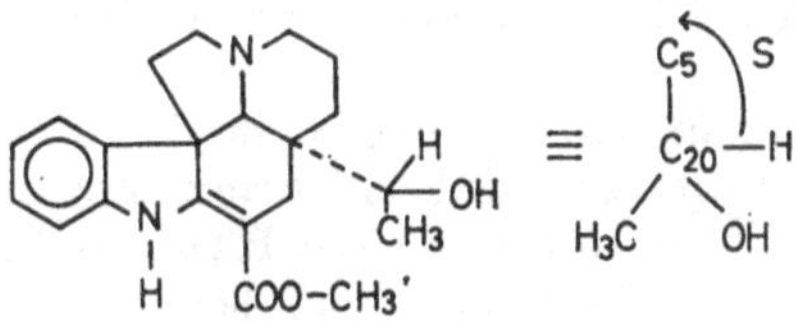

Alkaloid B

Die optischen Ausbeuten sind unter der Annahme 100%iger Veresterung berechnet.

26. Ableitung der Konfiguration durch Vergleich des optischen Drehvermögens

Oft lassen sich Konfigurationsbeziehungen finden, wenn man das optische Drehvermögen bei der gleichen Wellenlänge oder bei verschiedenen Wellenlängen miteinander vergleicht.

Für Messungen bei der gleichen Wellenlänge gelten zwei Regeln: die Superpositions-Regel und die Verschiebungsregel.

Der Superpositionsregel liegt die Annahme zugrunde, daß in Verbindungen mit mehreren chiralen Gruppierungen ähnliche funktionelle Gruppen in ähnlicher Umgebung ähnliche Beiträge zum optischen Drehvermögen liefern. Der Drehungsbeitrag chiraler Gruppen läßt sich jedoch nicht genau bestimmen, da die chemische Umgebung dieser Gruppierungen in jedem Molekül anders ist. Selbst in Diastereoisomeren, die die gleiche Konstitution besitzen, wechseln sowohl die Konfiguration und auch die Konformation der Umgebung einer gegebenen Gruppierung, und schließlich führen intramolekulare Wechselwirkungen zu Abweichungen von der berechneten Summe der Drehungsbeiträge. Dieser Vizinaleffekt, hierunter versteht man, daß nahe beieinanderstehende chirale Zentren sich gegenseitig beeinflussen, und damit eine Änderung der Einzelbeiträge zum Gesamtvermögen festzustellen ist — schränkt also die Superpositionsregel ein.

Trotzdem haben sich eine Reihe dieser Regeln hervorragend bewährt. So wurde zur Ermittlung der Konfiguration von Lactonen oftmals die HUDSONsche Lactonregel herangezogen, die besagt, daß bei γ- oder δ-Lactonen eine positive Drehung beobachtet wird, wenn der Ringsauerstoff in der FISCHER-Projektion nach rechts weist, und eine negative Drehung beobachtet wird, wenn er links von der Kette geschrieben werden muß:

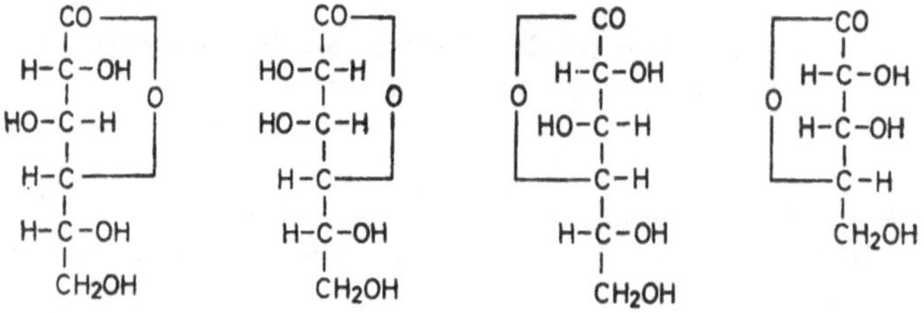

D-Glaconsäure	D-Mannosäure	D-Galaktonsäure	L-Arabonsäure
$[\alpha]_D$ + 68,2°	+ 53,5°	− 75°	− 73,3°

Daß diese Regel auch auf Lactonalkaloide anwendbar ist, erleichtert in vielen Fällen die Ableitung der Konfiguration.

So konnte die Beobachtung, daß bei γ- oder δ-Zuckerlactonen der allgemeinen Form *D* die molekulare Rotationsdifferenz zwischen Lacton und Hydroxysäure stets positive Werte beträgt, bei Lacton-Alkaloiden die Wahl zwischen zwei möglichen sterischen Anordnungen der Lacton-Brücke wesentlich zugunsten der Form *A* beeinflussen.

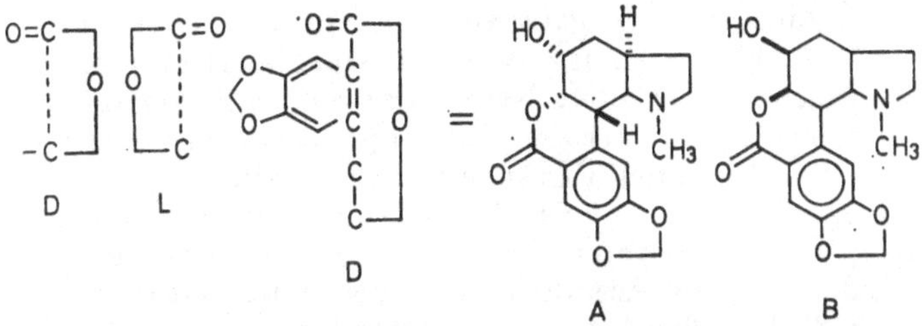

Diese Regel ist zugleich ein qualitativer Ausdruck der Beobachtung, daß das α-Anomer der *D*-Reihe stets stärker rechtsdrehend ist als das β-Anomer.

Die *Verschiebungsregel* besagt, daß zwei Verbindungen wahrscheinlich die gleiche Konfiguration haben, wenn sich ihr molares Drehvermögen bei einer Änderung der äußeren Bedingung, wozu auch die Bildung von Derivaten gehört, in gleicher Richtung ändert.

Als Beispiel für die Allgemeingültigkeit dieses Verschiebungssatzes sind in der folgenden Tabelle eine Reihe von Hydroxycarbonsäuren denen ihrer Säureamide, sowie denen der O-Acetyl- und O-Benzoylderivate ihrer Äthylester gegenübergestellt.

	COOH OH	$CONH_2$ OH	$COOC_2H_5$ $OCOC_2H_5$	$COOC_2H_5$ $OCOC_6H_5$
D-Weinsäure	15	+160	+14,5	−260
D-Milchsäure	−3,5	+20	+72	−36
D-Äpfelsäure	0	+54	+53	+11,3
D-Hexahydromandels.	−40	+66	+30	−39
(−) Mandelsäure	−239	−137	−280	−404
(+) Mandelsäure	+239	+137	+280	+404

Danach erleiden die Drehwerte aller als zur *D*-Reihe gehörig erkannten Hydroxycarbonsäuren in gleicher

Weise beim Übergang von der freien Säure zum Säureamid eine Rechtsverschiebung, während umgekehrt beim Übergang von den O-Acetyl- zu den O-Benzoylverbindungen stets eine starke Linksverschiebung beobachtet wird. Auch der Übergang von den Säureamiden zu den O-Benzoylderivaten ist stets von einer starken Linksverschiebung begleitet. Nicht ganz eindeutig verlaufen dagegen die Drehwertverschiebungen, wenn gleichzeitig zwei Substituenten abgeändert werden, also z. B. beim Übergang von den freien Carbonsäuren zu den Acetyl- oder Benzoylderivaten der Ester, oder von den Säureamiden zu den Acetylderivaten der Ester. Geht man schließlich zu den Antipoden der Mandelsäure über, deren Konfiguration bisher nicht ableitbar war, so zeigen ohne jede Ausnahme nur die Derivate der linksdrehenden Form ein den *D*-Hydroxycarbonsäuren analoges Verhalten. Ihr müssen wir daher eine *D*-Konfiguration zusprechen.

Eine sehr erfolgreiche Anwendung des Prinzips der optischen Superposition bildet die

27. Methode der Molekularrotationsdifferenzen optische Rotationsdispersion und Circulardichroismus

Dieses Verfahren beruht auf der Änderung des molaren Drehungsbetrages durch Einführung von Doppelbindungen oder Substituenten. Die folgende Tabelle zeigt die Änderung der Drehung bei Einführung einer Doppelbindung in verschiedene Stellen des Stereoidgerüstes:

Position der Doppelbindung	$5\alpha\Delta[M]_g$	5β
1.2	− 41°	−
2.3	+170°	− 24°
3.4	+123°	− 44°
6.7	−417°	−
7.8	− 66°	+119°
8.9	+ 96°	−
9.11	+109°	+ 49°

Die in der Tabelle eingetragenen Zahlen werden durch Subtraktion der molaren Drehung der gesättigten Verbindung von der molaren Drehung ihres ungesättigten Derivates erhalten, z. B.:

$([M]_D$ von Δ^1-Cholesten$)$ − $([M]_D$ von Cholestan$)$ =

$(+48°) - (+89°) = -41°.$

Die nächste Tabelle zeigt, wie sich die molare Drehung ändert, wenn man einen Steroid-Alkohol der 5-α- und 5-β-Reihe in sein Acetat, und Benzoat, oder in das Keton überführt. Wie zu erwarten, wird die Größe dieser Änderung von der Konfiguration am nahegelegenen chiralen Zentrum C-5 und von der Einführung einer Doppelbindung beeinflußt:

5-α-Steroid Stellung	α−OH	α−O−Ac	Δ[M]/ β−OH	β−O−Ac	Keton
1	+35°	+79°	−17°	+27	+339
2	+37°	− 94°	+49°	+25	+98
3	+ 5°	+22°	− 2°	−31	+71
5	−52°	−	−	−	−
5-β-Steroid					
3	+30°	+122°	+ 1°	+18	+37
5	−	−	+46°	−	−

Wesentlich mehr Informationen aus den bisher erwähnten Methoden gewinnt man aus der Messung der optischen Drehung bei mehreren Wellenlängen, da Beziehungen zwischen der Molekülstruktur und dem optischen Drehvermögen aus Vorzeichen und Größe besonders deutlich hervorgehen. Obgleich die Methode der optischen Rotationsdispersion (*ORD*) bereits etwa 150 Jahre alt ist und die des Circulardichroismus (*CD*) ungefähr 70, wurden beide von den Chemikern doch erst in den letzten Jahren in größerem Umfang insbesondere zur Klärung stereochemischer Probleme herangezogen. Das Verfahren beruht auf folgenden Grundlagen:

Wird die Abhängigkeit des Drehwinkels α oder von $[\alpha]$ oder $[\Phi]$, wobei

$$[\Phi] = \frac{[\alpha] \cdot M}{100}$$

ist, von der Wellenlänge gemessen, so erhält man bei kleineren Wellenlängen einen größeren Absolutwert. Dieses Verhalten nennt man „normale *ORD*" (engl.: plain curve), oder besser schlichte Kurve. Eine schlichte Kurve zeichnet sich vor allem dadurch aus, daß sie keine Extrema besitzt. Eine normale Kurve weist weder Extrema noch Schnittpunkte mit der Abzisse oder Wendepunkte auf. Das normale *ORD* läßt sich in Spektralbereichen, die weit von den Absorptionsbanden entfernt sind, durch eine Drude-Gleichung, wobei A_i und λ_i-Konstanten sind, beschreiben. Zur Beschreibung kann aber auch die Gleichung *II* herangezogen werden:

$$[\Phi] = \textstyle\sum_i A_i/(\lambda^2 - \lambda_i^2) \qquad (I)$$

$$[\alpha] = \frac{A}{\lambda^2 - \lambda_0^2} \qquad (II)$$

Wenn der Wert für λ_0 experimentell nicht ermittelt werden kann, dann ist der Wert für λ natürlich größer als der Wert für λ_0. In solchen Fällen muß dann die voranstehende Gleichung umgewandelt werden in den folgenden Ansatz:

$$[\Phi] = \frac{K}{\lambda_2}$$

Hierbei bedeutet $K = A \times \mathrm{MW}/100$.

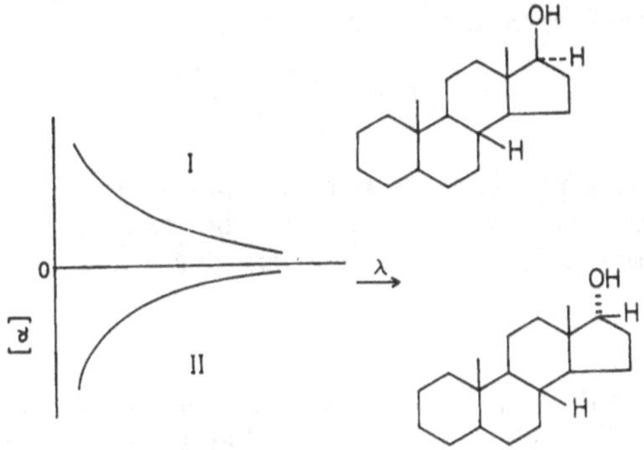

I = rechtsdrehende Substanz; *II* = linksdrehende Substanz, aufgenommen in einem Spektralbereich, in dem keine Absorption stattfindet. Jeder linear polarisierte Lichtstrahl (Charakteristikum: Schwingungsebene konstant, Größe des Lichtvektors ändert sich nach einer Cosinus-Funktion) läßt sich aus zwei circularpolarisierten kohärenten Strahlen zusammengesetzt denken, bei denen also der Betrag des elektrischen Feldvektors konstant ist, und von denen sich einer wie eine Links-, der andere wie eine Rechtsschraube fortpflanzt. Mißt man nun die Abhängigkeit des Drehwinkels α von der Wellenlänge im Bereich einer Absorptionsbande, dann pflanzen sich links und rechts circularpolarisierte Lichtstrahlen nicht nur verschieden schnell fort, sondern sie werden auch verschieden stark absorbiert. Dieses Verhalten nennt man Circulardichroismus; er wird beschrieben durch die Differenz der molaren Absorptionskoeffizienten $\Delta\varepsilon = \varepsilon_{\text{links}} - \varepsilon_{\text{rechts}}$. Im Gegensatz zum molaren Absorptionskoeffizienten ε der als Mittelwert von ε_1 und ε_2 immer positiv sein muß, kann $\Delta\varepsilon$ sowohl positive wie negative Werte annehmen.

Das eine circulardichroitische Substanz verlassende Licht ist außerdem nicht mehr linear, sondern elliptisch polarisiert, d. h. die Spitze des Lichtvektors beschreibt eine Ellipse. Eine solche läßt sich durch einen Winkel charakterisieren, der durch

$$\tang \Theta = \frac{\text{kleine Achse}}{\text{große Achse}}$$

definiert wird. Rechnet man in molaren Größen, so heißt der entsprechende Winkel $[\Theta]$ die molare Elliptizität und hängt mit $\Delta\varepsilon$ durch die Gleichung

$$[\Theta] = 3300 \cdot \Delta\varepsilon$$

zusammen.

Das Auftreten des Circulardichtroismus bewirkt, daß sich im Bereich der Absorptionsbande des Chromophors der untersuchten Verbindung der normalen *ORD* ein *S*-förmiger Anteil überlagert. Eine Kurve dieser Art nennt man anormale *ORD*. Praktisch heißt das, daß die Kurve Extrema durchläuft. Beide Effekte gemeinsam, *CD* und anormale *ORD* faßt man unter dem Namen „COTTON-Effekt" zusammen. Dieser Effekt ist positiv

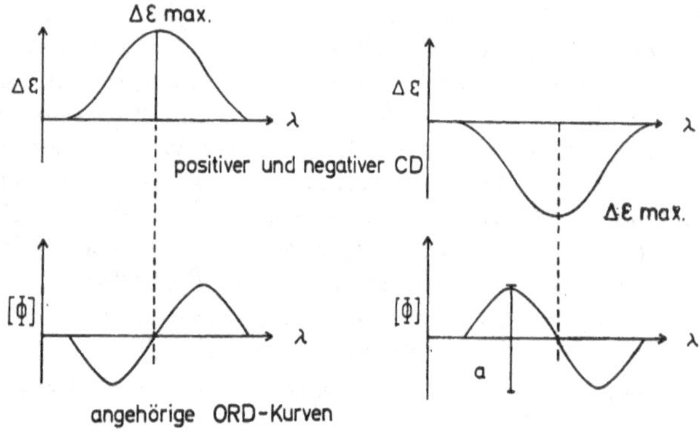

oder negativ, je nachdem, ob der Gipfel bei längeren oder kürzeren Wellenlängen als das Tal liegt. Die molekulare Amplitude als Maß für den COTTON-Effet ist definiert als a: $\frac{M_1 - M_2}{100}$ M_1 molare Drehung im langwelligen Extremum, M_2 entsprechender Wert im kurzwelligen Extremum.

Für den praktischen Gebrauch ist die folgende Abbildnug als Richtschnur zu empfehlen, sie zeigt noch einmal alle wichtigen Begriffe:

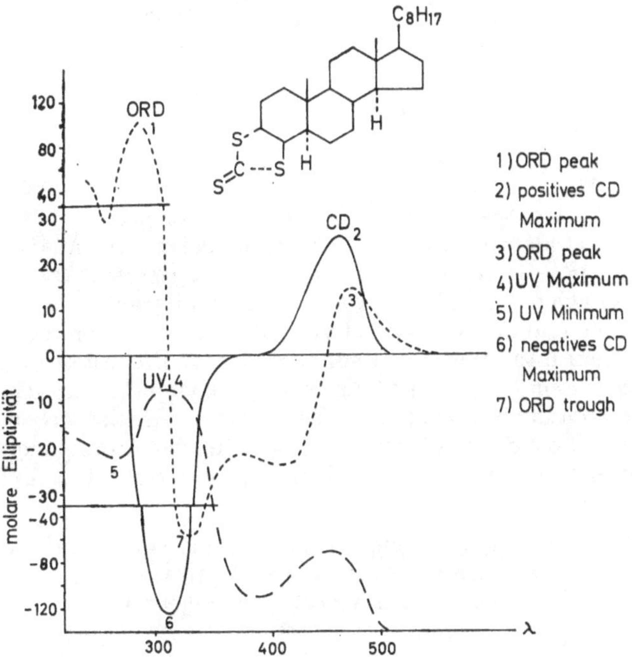

Die zweite Abbildung macht deutlich, daß für die praktische Auswertung die Feststellung wichtig ist, daß im Wendepunkt der *UV*-Kurve der *ORD*-Gipfel liegt.

Für stereochemische Fragestellungen sind Cotton-Effekt-Kurven am interessantesten. Dabei sind im allgemeinen *ORD* und *CD*-Messungen gleichwertig. *CD*-Messungen sind jedoch vorteilhaft, wenn eine Verbindung mehrere Chromophore mit benachbarten Absorptions-

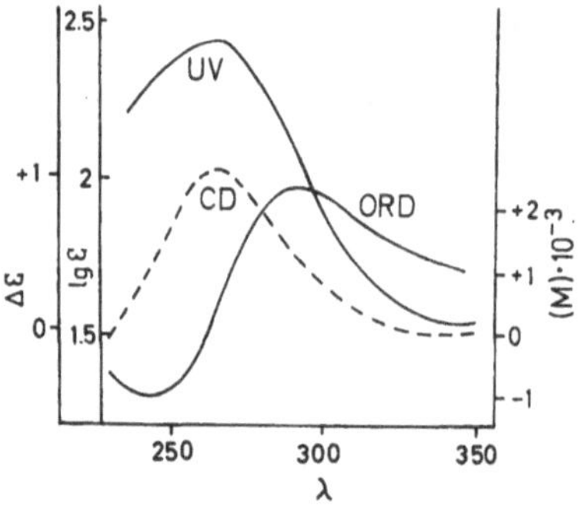

maxima enthält, bei Tieftemperaturuntersuchungen sowie bei kleinen Cotton-Effekten, die bei steilem Anstieg der *ORD*-Grundkurve schwer erkennbar werden. Sowohl die Lage des circulardichroitischen Maximums als auch die Größe und das Vorzeichen von $\Delta\varepsilon$ sowie seine eventuelle Feinstruktur sind dabei von Bedeutung. Die erfaßbaren Chromophore können als solche asymmetrisch sein und dadurch Anlaß zu einem Cotton-Effekt geben. Ein Cotton-Effekt ist damit also an die Anwesenheit eines Chromophors gebunden. Wir unterscheiden drei Typen:

1. Inhärent dissymmetrische Chromophore wie das Hexahelicen, atropisomere Biphenylderivate, nichtebene konjugierte Diene, konjugierte nichtebene Enone, α,β ungesättigte Ketone.

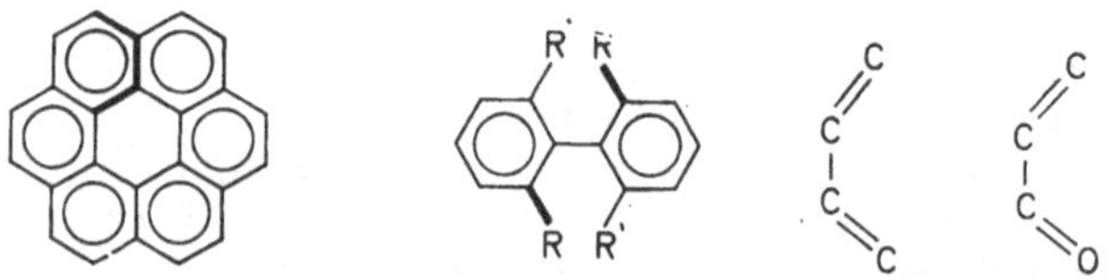

2. Chromophore mit lokaler Symmetrie (Symmetrieebene), deren Elektronensystem achiral ist. Sind der-

artige Chromophere aber in eine chirale Umgebung eingebaut, dann wird eine dissymmetrische Störung erreicht.

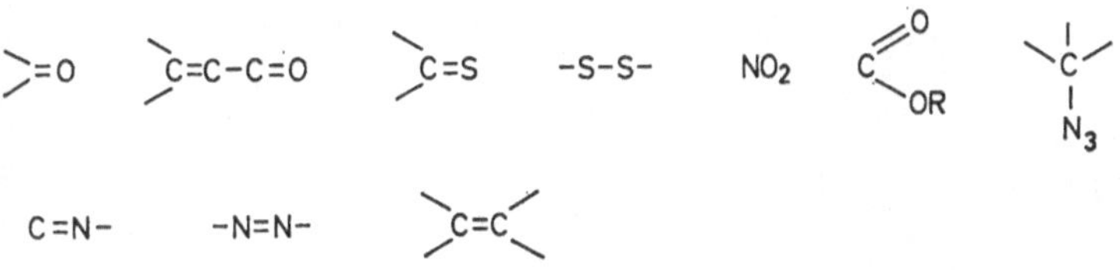

3. Schließlich lassen sich auch noch Verbindungen ohne Chromophor erfolgreich untersuchen, wenn man sie in Derivate überführt, die einen Cotton-Effekt geben, das sind die sog. cottogenen Derivate.

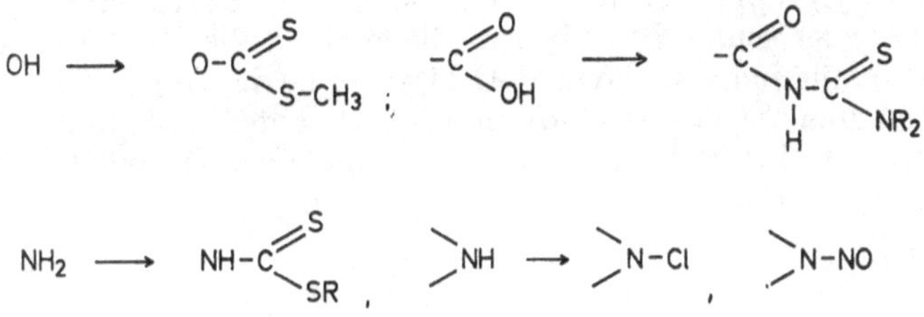

Da das Vorzeichen des Cotton-Effektes die Stereochemie in der Umgebung des Chromophors widerspiegelt müssen chirale Gruppierungen in der Nähe der Chromophore zweier Verbindungen entsprechende Konfigurationen haben, wenn die Kurven der Cotton-Effekte gleiches Vorzeichen und gleiche Gestalt haben. Andererseits zeigen Cotton-Effekte entgegengesetzten Vorzeichens, daß sich die Umgebung der Chromophere wie Bild und Spiegelbild verhalten, d. h., daß man es mit enantiomeren Formen zu tun hat. Ein Beispiel zeigt die folgende Abbildung:

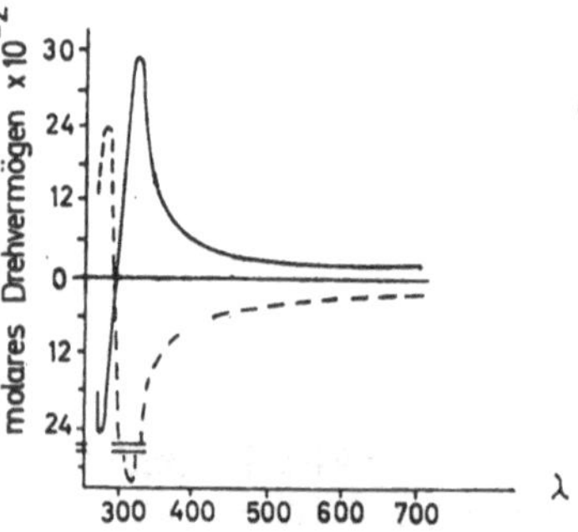

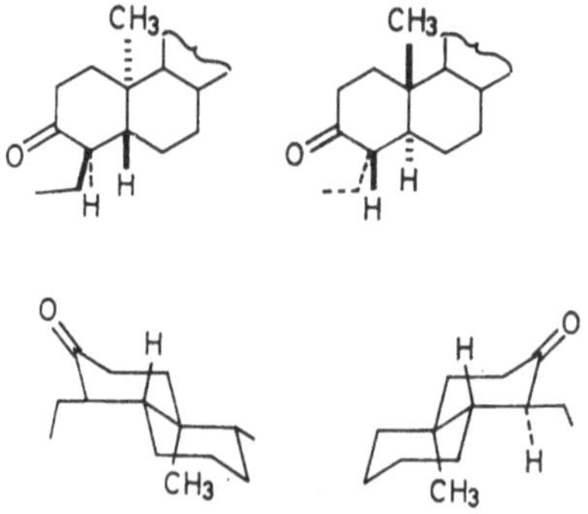

Diese Beobachtungen haben zu einer als Oktantenregel bezeichneten Verallgemeinerung geführt. Zur Anwendung dieser Regel zerlegt man die Umgebung einer Carbonylgruppe, z. B. im Cyclohexanon, durch drei zueinander senkrechte Ebenen (die zugleich die Knotenebenen für das n- und den π^*-Orbital des an der Anregung beteiligten Elektrons sind) in acht Octanten auf, und projiziert das Molekül in der Richtung vom O zum C des Carbonyls.

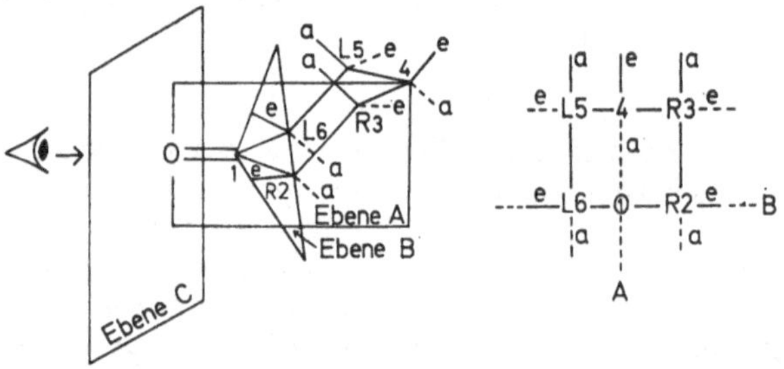

Betrachtet man nur die wichtigeren hinteren Octanten, so ergibt im allgemeinen ein Substituent im oberen linken oder unteren rechten Octanten einen positiven, ein solcher in den anderen beiden einen negativen Beitrag zum COTTON-Effekt. Substituenten in den Koordinaten-Systemen leisten keinen Beitrag zum COTTON-Effekt.

Es ist üblich, bei leeren Octanten das Octanten-Diagramm zu einem Quadranten-Diagramm zu vereinfachen. Darüber hinaus hat sich folgende Bezeichnungsweise empfohlen:

Die Ziffern 1 und 4 werden wie üblich gebraucht. L_2 und R_2 bezeichnen das linke und rechte αC-Atom; L_3 und R_3 bezeichnen das linke und rechte β-C-Atom.

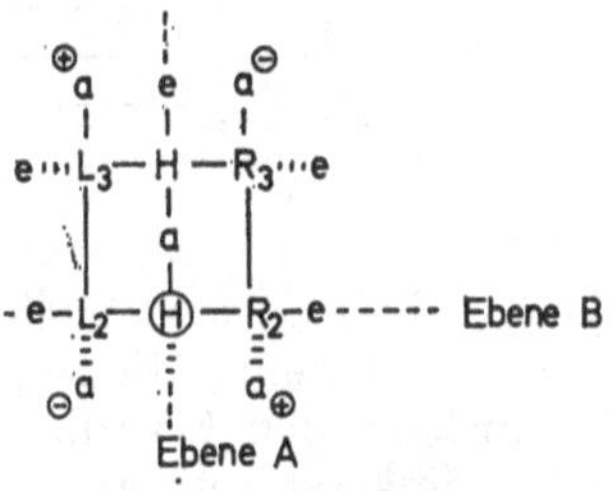

Etwas spezifizierter läßt sich sagen: Äquatoriale Substituenten an R_2 und L_2 leisten geringe Beiträge zur Rotationsdispersion, da sie der Ebene sehr nahe sind. Axiale Substituenten an R_2 und alle Substituenten an L_3 leisten positive Beiträge; axiale an L_2 und alle an R_3 dagegen negative Beiträge, Liganden am C-4 tragen zur Rotationsdispersion nichts bei, da sie von einer Ebene durchsetzt werden.

Dieses Verfahren sei schematisch am 5α-Cholestan-3-on, für das nach der Projektion ein positiver COTTON-Effekt zu erwarten ist (gefunden: $\Delta\varepsilon = +1{,}05$), dargestellt:

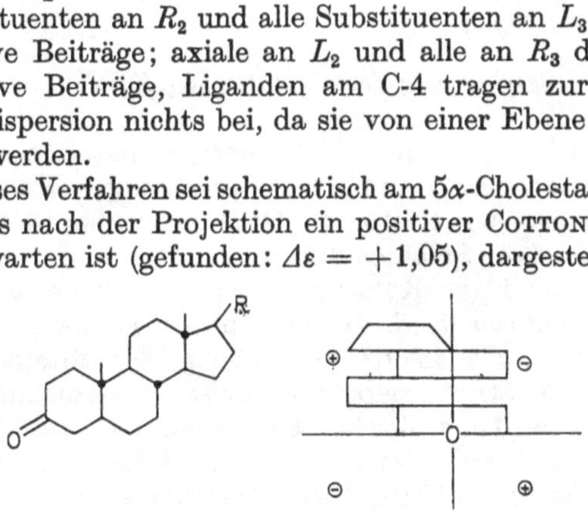

Ein weiteres beeindruckendes Beispiel zur Konfigurationsbestimmung ist das (+)-*trans*-10-Methyl-dekalon-(2). Wird für die Untersuchungen vorausgesetzt, der Verbindung komme die folgende *trans*-Konfiguration zu, so müßte man einen positiven Beitrag zum Cotton-Effekt erwarten, weil die angulare Methylgruppe in einer Ebene

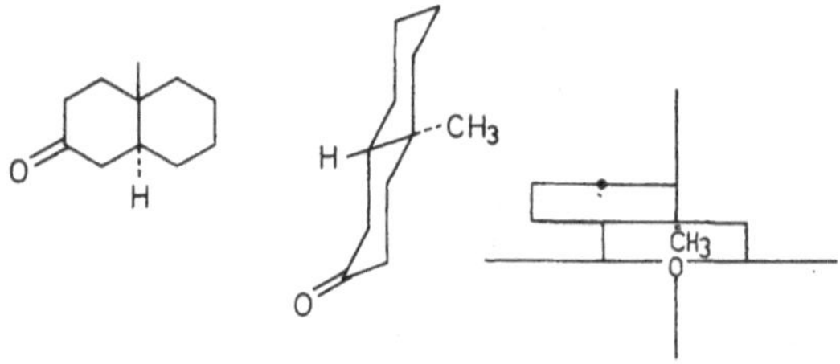

liegt, damit keinen Beitrag leistet, C-1 und C-3 keine Substituenten tragen, die einen Beitrag leisten könnten, und damit die einzigen, den Koordinatenebenen fernen Substituenten im linkeren oberen Quadranten anzutreffen sind. Da der experimentell gefundene Wert tatsächlich positiv war, hat sich die theoretische Vorhersage damit bestätigt.

27.1 Bestimmung der absoluten Konfiguration

Ein wichtiges Problem in der Naturstoffchemie ist immer noch die Bestimmung der absoluten Konfiguration. Wollen wir hierfür die *ORD* nutzen, so ist die Erkenntnis, daß Liganden, die weit genug vom Chromophor entfernt sind, die Rotationsdispersion nur wenig beeinflussen, entscheidend. Damit könnten wir nämlich Verbindungen, die in der Umgebung des Chromophers die gleiche Strukturierung aufweisen, miteinander vergleichen, weil die gleiche oder zumindest eine ähnliche *ORD*-Kurve zu erwarten ist. Ein bekanntes Beispiel hierfür ist das Cafestol. Dieses Diterpen konnte zu einem tetracyklischen α-Äthylketon abgebaut werden, das einen Cotton-Effekt mit umgekehrtem Vorzeichen (nämlich negativem) zu dem des Vergleichsmaterials 4α-Äthyl-5α-cholestan-3-on zeigte. Cafestol muß daher eine absolute Konfiguration haben, die nicht der der üblichen Steroide und Triterpene entspricht.

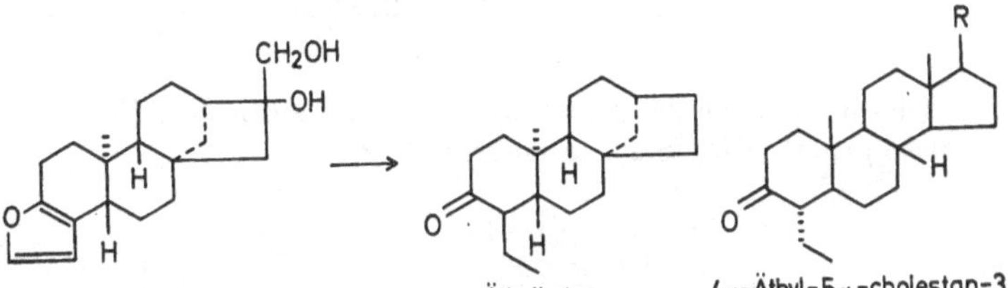

α-Äthylketon   4α-Äthyl-5α-cholestan-3-on

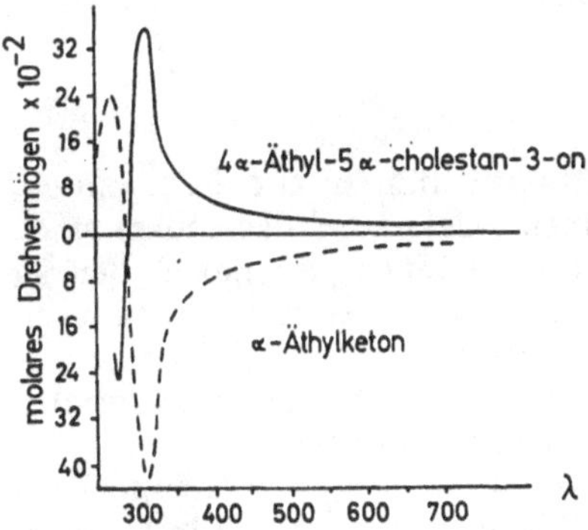

28. Bestimmung der Konformation

Besonders wertvoll sind die Hinweise, die man aus dem *CD* über die Konformation erhält. Dies sei an zwei Beispielen erläutert: das nicht eben gebaute *transoide* Cyclohexenon der Konformation *I* weist einen positiven *CD*, das der Konformation *II* einen negativen *CD* bei etwa 340 nm auf. Die Vorzeichen der circulardichroitischen $\pi \rightarrow \pi^*$-Bande um 250 nm sind dazu gerade umgekehrt.

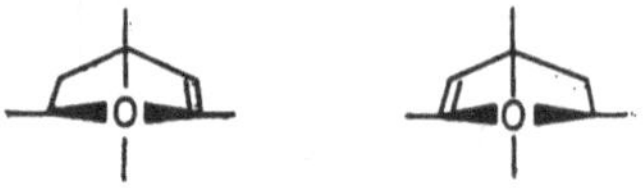

I II.

(+)-3-Methyl-cyclohexanon kann auf zweierlei Weise im Octanten-Diagramm angeordnet werden.

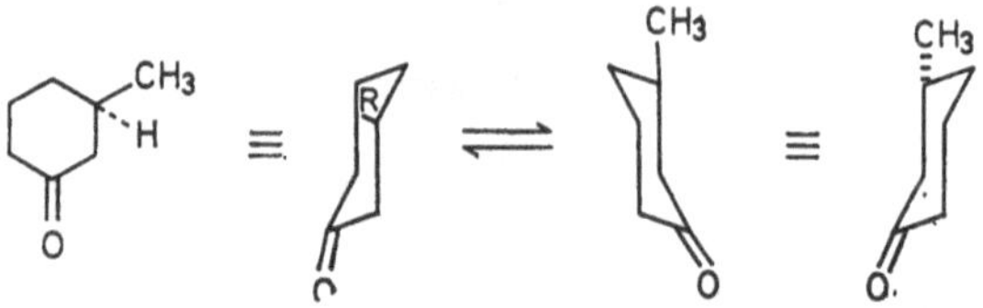

Diese Modellbetrachtungen führen zur Feststellung, daß ein Konformeres einen axialen und das andere einen äquatorialen Substituenten besitzt, der einen Beitrag zum COTTON-Effekt leistet. Da experimentell ein positiver Beitrag gemessen wird, ist die Schlußfolgerung erlaubt, daß dasjenige Konformere mit einem äquatorialen Substituenten im Gleichgewicht überwiegt.

Da man heute den *CD* in einem weiten Temperaturbereich messen kann (bis hinunter zu $-192°$), lassen sich auch Fragen der Konformationsbeweglichkeit, wie etwa der gehinderten Rotation verschiedener Seitenketten, damit untersuchen.

Auf dem Protein-Gebiet hatten schon früher *ORD*-Messungen gezeigt, daß man damit zwischen einer α-Helix und anderen Formen unterscheiden kann. *CD*-Messungen haben hier und auf dem Nucleotid-Gebiet einen verfeinerten Einblick in die Tertiärstruktur ermöglicht.

Die Gruppe der sog. cottogenen Derivate wie —OH, —NH_2 oder —COOH, sind einer direkten Messung nicht oder nur sehr schwer zugänglich. Durch geeignete Modifikation dieser Substituenten, wie z. B. Bildung von Xanthogenaten bzw. Dithiocarbamaten, O- und N-Nitroso-Derivaten, Phthalimiden- oder Salicyliden-Verbindungen, sind aber auch diese Gruppen indirekt erfaßbar geworden. Die Zuordnung des Vorzeichens des *CD* zu einer bestimmten Konfiguration oder Konformation ist bisher in den meisten Fällen noch empirisch; so geben z. B. die N-Phthalyl-Derivate von Aminen mit *R*-Konfiguration einen negativen, mit *S*-Konfiguration einen positiven Cotton-Effekt:

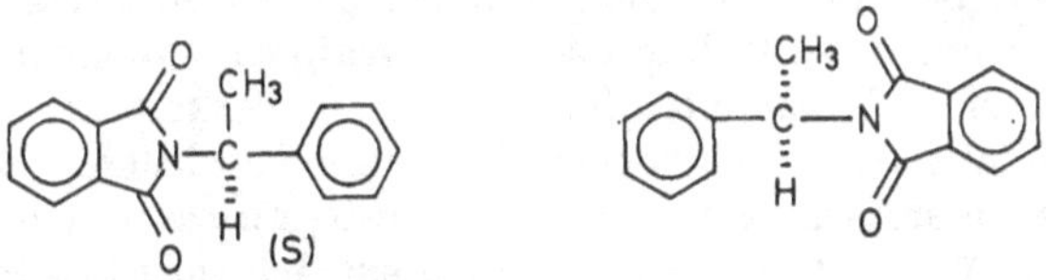

(+)-Cotton-Effekt (−)-Cotton-Effekt

Derzeit ist die Methode des *CD* nur auf optisch aktive Verbindungen anwendbar. Durch ein longitudinales Magnetfeld können aber auch die meisten inaktiven Substanzen im Gebiet ihrer Absorptionsbanden circulardichroitisch werden, so daß der Konformationsanalyse, wenn einmal Geräte für die Messung des Magneto-*CD* im Handel sein werden, ein weit anwendbares neues Hilfsmittel zur Verfügung stehen dürfte.

29. Der Begriff der Konformation

Für die Kohlenstoff-Einfachbindung wurde früher eine freie, unbeschränkte Drehbarkeit der Kohlenstofftetraeder um die gemeinsame Verbindungsachse angenommen. Als diese Modellvorstellungen bei der Berechnung thermodynamischer Werte von Kohlenwasserstoffen angewandt wurde, ergaben sich erhebliche Abweichungen von den experimentellen Werten. Es wurde gezeigt, daß die angenommene freie, unbeschränkte Drehbarkeit durch Energieschwellen behindert ist. Das einfachste Modell, an dem diese Überlegungen nachgewiesen werden können, ist das Äthan. Die Energiebarriere, die bei der Rotation um die C—C-Achse zu überwinden ist, beträgt etwa 3 kcal/Mol und bewirkt, daß die meisten Molekeln die energieärmste und damit bevorzugte Konformation einnehmen.

Von den theoretisch unendlich vielen, durch eine solche Drehung möglichen räumlichen Anordnungen, hat jede einen bestimmten Energieinhalt, den bevorzugten entsprechen Potentialminima. Die Wahrscheinlichkeit, mit der eine bestimmte Konformation vorkommt, ergibt sich aus der PITZERschen Verteilungsfunktion. Obwohl alle Konformationsisomeren gewissermaßen chemisch reine Verbindungen sind, lassen sie sich meist nicht von ihren Isomeren trennen, da sich bei Raumtemperatur sehr schnell ein Gleichgewicht einstellt.

Beim Äthan ist die Energiebarriere dadurch charakterisiert, daß die 6-H-Atome bestrebt sind, sich so weit wie möglich voneinander zu entfernen, d. h., wenn die beiden Methylgruppen gegeneinander rotieren, in Richtung der C—C-Achse abwechselnd gestaffelte oder ekliptische Anordnungen einnehmen.

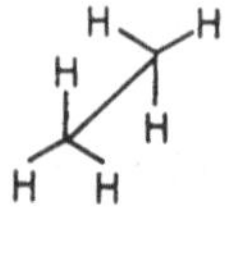

gestaffelt

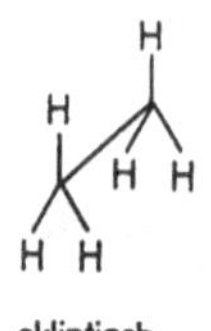

ekliptisch

Die der gehemmten inneren Rotation zuzuordnende

potentielle Energie einer Molekel ändert sich mit dem Torsionswinkel oder auch Diederwinkel, wie aus der folgenden Abbildung zu entnehmen ist.

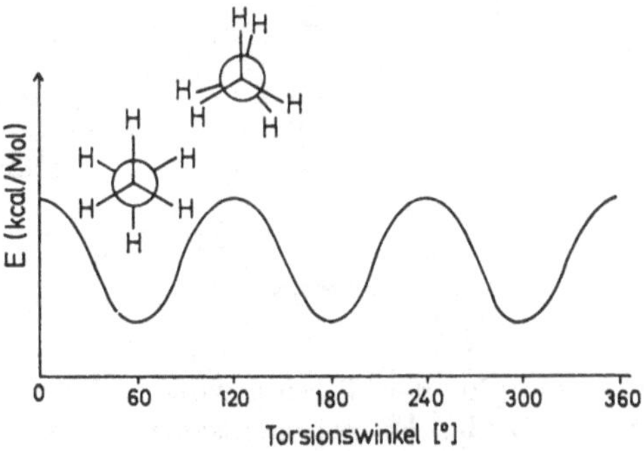

Damit bezeichnen wir mit Konformation die unendlich vielen Anordnungen, die bei der inneren Rotation zweier Gruppen, um die sie verbindende Einfachbindung möglich sind, und nicht miteinander zur Deckung gebracht werden können. Auch ringförmige Verbindungen können in verschiedenen Konformationen vorliegen, die ihrerseits aus partiellen Konformationen bestehen.

Damit entspricht in der letzten Abbildung jeder Punkt der Kurve einer Konformation, aber nur drei sind durch Minima ausgezeichnet und damit stabil.

Das heißt, daß auf Grund der Unterschiede in der Konformationsenergie die meisten Äthanmolekeln in oder nahe der gestaffelten Konformation vorliegen, d. h. daß sie um diese dem Energieminimum entsprechende Konformation Torsionsschwingungen ausführen.

Für eine Molekel, wie dem 1,2-Dibromäthan, ist die Situation nicht mehr ganz so einfach, da drei Konformationen mit minimaler Energie in Betracht zu ziehen sind.

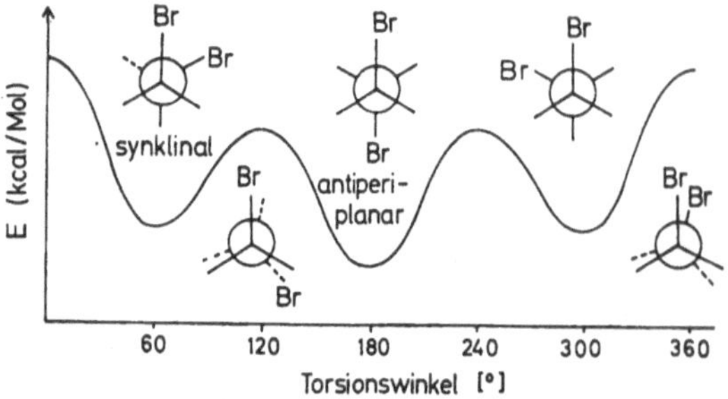

Die Abszisse gibt den Torsionswinkel, der als Winkel zwischen den beiden Ebenen anzusehen ist, wieder, und die Ordinate die relative Energie. Die meisten Moleküle werden in der antiperiplanaren Konformation vorliegen (Dipolmoment *O*), aber es muß noch eine genügend große Zahl anderer Konformationen geben, denn das Dipolmoment des 1,2-Dibromäthans ist nicht gleich Null. Diese Formen sind mit der synklinalen Konformation wiederzugeben.

Für die Herstellung der ausgezeichneten Grenzlagen hat sich die NEWMANNsche Projektion, die zwar nicht die Bindungen selbst, aber die winkelgeometrischen Verhältnisse aller Bindungen erkennen läßt, weitgehend durchgesetzt. Hierfür gilt folgende Konvention:

Wenn man in Richtung der C—C-Achse blickt, wird das dem Auge entferntere C-Atom durch einen Kreis mit drei nur am Kreisäußeren gleichmäßig angebrachten radialen Bindungen dargestellt, welche die übrigen Atome aufnehmen; das dem Auge näherliegende C-Atom wird dagegen durch drei bis zum Mittelpunkt durchgezeichnete Radien abgebildet.

Für eine Reihe von ausgezeichneten Grenzlagen sind verschiedene Namen und Bezeichnungen eingeführt worden, die in der folgenden Tabelle zusammengestellt sind:

Deutscher Name	Englischer Name	Neuer Vorschlag
ekliptisch, verdeckt	fully eclipsed	synperiplanar (sp)
windschief	gauche, skew	syn clinal (*sc*)
teilweise verdeckt	partially eclipsed	anti clinal (*ac*)
gestaffelt, auf Lücke	fully staggerd	anti periplanar (*ap*)
anti, trans		
teilweise verdeckt	partially eclipsed	anti clinal
windschief, syn	gauche, skew	syn clinal

Bei den 1,2-disubstituierten Äthanen, z. B. beim 1,2-Dichlor-äthan, sind sechs ausgezeichnete Konformationen denkbar, die wie folgt zu zeichnen wären:

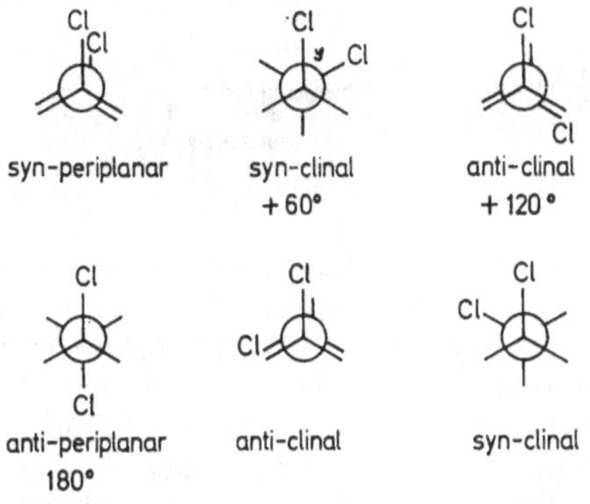

Die Atome oder Gruppen, die zur Festlegung des Torsionswinkels dienen, werden nach den folgenden Kriterien ausgewählt:

1. Sind alle Atome oder Gruppen der Konformation unterschiedlich, dann wird an jedem C-Atom dasjenige, daß nach der Sequenzregel die Priorität genießt, als Bezugssystem festgelegt,

2. wenn eine Gruppe oder ein Atom einmal vorkommt, dann wird dieses als Bezugssystem gewählt,

3. wenn alle Gruppen oder Atome identisch sind, dann wird diejenige Gruppe als Bezugssystem gewählt, die den geringsten Torsionswinkel miteinander bilden.

Überträgt man die bisherigen Gedanken noch einmal auf das *n*-Butan, das als 1,2-Dimethyläthan dargestellt wird, so ergibt sich das folgende Energiediagramm:

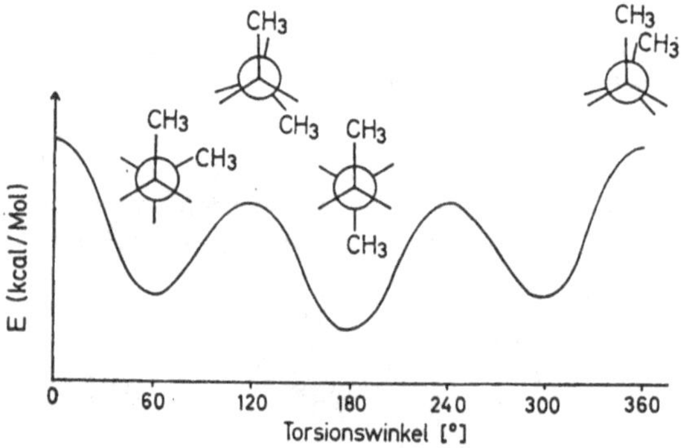

Bilden in der syn-clinalen-Konformation die beiden Methylgruppen einen Torsionswinkel von 60°, so machen sich VAN DER WAALsche Abstoßungskräfte bemerkbar, und es besteht dadurch eine Barriere von 0,8 kcal/Mol. In der anti-clinalen-Konformation bilden die beiden Methylgruppen einen Torsionswinkel von 120°, andererseits besteht aber nur ein sehr geringer Abstand zwischen einer Methylgruppe und einem H-Atom einer benachbarten Methylengruppe. Hieraus resultiert eine Energiebarriere von 3,5 kcal/Mol. Durch die anti-periplanare Konformation befinden sich die beiden Methylgruppen in der größtmöglichen Entfernung, so daß hier die stabilere Konformation zu erwarten ist, während die ekliptische Konformation als die unstabilste und damit diejenige mit der größten Barriere anzusehen ist.

30. Untersuchungsmethoden für Konformationsisomere

Wegen der besonderen Schwierigkeiten, eine eindeutige Aussage über die vorliegende Konformation einer Verbindung zu machen, ist es meist notwendig, mehrere Methoden zur Untersuchung heranzuziehen. Bei den physikalischen Methoden muß beachtet werden, ob die Moleküle unter den betreffenden Versuchsbedingungen dem FRANCK-CONDON-Prinzip gehorchen; dieses Prinzip besagt, daß die atomare Anordnung des Grundzustandes mit dem des angeregten Zustandes übereinstimmt.

1. Röntgenstrukturanalyse: Bei festen Verbindungen können die Konformationen durch intermolekulare Kräfte beeinflußt werden. Trotz dieses gewichtigen Einwandes stimmen die Ergebnisse der Röntgenstrukturanalyse oft mit denen der übrigen Methoden überein.

2. Elektronenbeugung: In der Gasphase oder in Lösung sind die Moleküle frei von intermolekularen Wechselwirkungen. Aus den Elektroneninterferenzen können dann die Atomabstände mit befriedigender Genauigkeit bestimmt werden. So wurde einer der Beweise für die Doppelsesselform des *cis*-Dekalins durch Elektronenbeugung erbracht.

3. Dipolmomente: Die Bestimmung des Dipolmomentes aus der Temperaturabhängigkeit der Dielektrizitätskonstante gibt Aufschluß über die Beteiligung von einem oder mehreren Konformationsisomeren. Am Beispiel von *cis*- und *trans*-2-Brom-4-tert.-butylcyclohexanon soll die gute Übereinstimmung zwischen den berechneten und den in Benzol bei 25 °C gemessenen Werten illustriert werden.

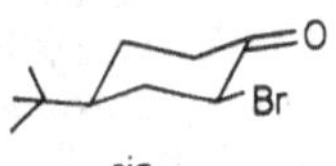

cis
D ber. 4,34
gef. 4,27

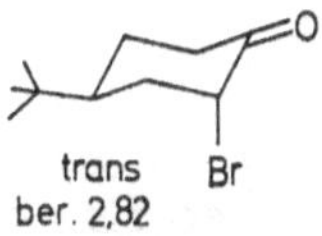

trans
D ber. 2,82
gef. 3,20

4. Optische Drehung: Aus der Änderung des optischen Drehvermögens mit der Temperatur kann der Unterschied an freier Energie zwischen den Konformationen einer Verbindung bestimmt werden. Die von Born entwickelte und später von Kirkwood erweiterte Oszillatortheorie kann zur Berechnung der absoluten Konfiguration herangezogen werden. Am Beispiel des optisch aktiven *D* (+)-1,2-Dichlorpropans mit den folgenden bevorzugten Konformationen soll die gute Übereinstimmung der berechneten

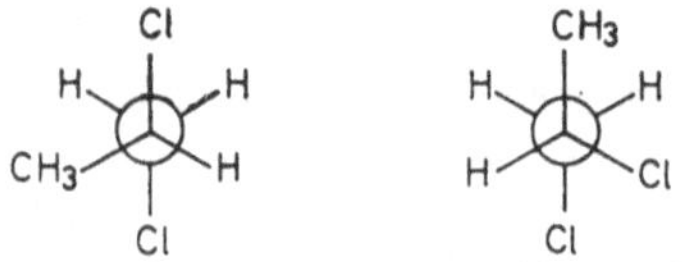

Ber. +40° Gef. +36°   Ber. −39° Gef. −56°

mit den aus der Temperaturabhängigkeit bestimmten Werten gezeigt werden.

5. Kalorische Messungen: Durch experimentelle Bestimmung der Verbrennungswärmen kann von isolierbaren Isomeren das energetisch bevorzugte bestimmt werden. So wurde bei *trans*-2-Alkyl-cyclohexanolen (*e*, *e*-Orientierung) eine geringere Verbrennungswärme als bei den entsprechenden *cis*-Isomeren ((*e*, *a*)-Orientierung) gefunden.

6. Infrarotspektren: Da die Bewegungen innerhalb eines Moleküls sehr komplex sind, ist man hauptsächlich auf die Auswertung der Rotations-Schwingungsspektren angewiesen. Die Frequenzunterschiede von Konformationsisomeren sind zum Teil sehr beachtlich. Bei der Untersuchung der einfachen α-Halogen-cyclohexanone zeigte sich, daß die Lage des Halogenatoms am Ring nicht nur sterisch, sondern auch elektrostatisch beeinflußt wird. Der für 2-Brom-cyclohexanon gemessene Wert von 1716 cm^{-1} zeigt an, daß in der in unpolaren

Lösungsmitteln bevorzugten Molekülanordnung das Brom axial orientiert ist und daß also in diesem Fall die elektrostatischen Kräfte stärker als die sterischen sind. Diese Methode wurde auch zur direkten Bestimmung von Konformationsgleichgewichts-Konstanten verwendet.

Um über die Konformation der mittleren Ringe und ihre Symmetrie eine Aussage machen zu können, wurden neben Flüssigkeits- auch Festkörperspektren bei tiefen Temperaturen von Verbindungen aufgenommen, die bei Raumtemperatur flüssig vorliegen.

7. Raman-Spektren werden in Verbindung mit den *IR*-Spektren gern zur Konformationsaufklärung verwendet. Ist die Zahl der Ramanlinien einer Verbindung im gasförmigen oder flüssigen Zustand größer als im festen Zustand, so kann man die überzähligen Linien einer anderen Konformation zuordnen.

8. Kernmagnetische Resonanz-Spektren beruhen auf der Wechselwirkung der magnetischen Momente der Atomkerne mit einem äußeren Magnetfeld. Der Übergangszustand für die Erregung eines Kernes zu einem energiereicheren magnetischen Zustand ist recht lang im Vergleich mit Drehungen um die C—C-Einfachbindung. Das FRANCK-CONDON-Prinzip gilt demnach hier nicht. Die wichtige Frage, ob die Konformationsisomeren einer Verbindung in einem sich schnell einstellenden Gleichgewicht stehen oder ob nur eine Konformation vorliegt, wurde für 1,2-Difluor-1,2-dibrom-2,2-dichloräthan an Hand von ^{19}F-Spektren, die bei verschiedenen Temperaturen aufgenommen wurden, entschieden. Das Spektrum zeigt bei 0° eine Bande. Betrachtet man die drei möglichen Konformationen *A*, *B* und *C*, so kann die

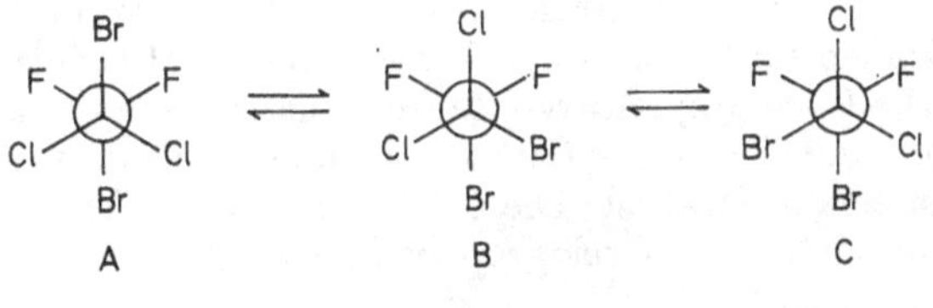

einzelne ^{19}F-Linie entweder durch die Konformation *A*, in der die beiden Fluoratome gleichwertig angeordnet sind, allein oder aber durch vollständige Vermischung aller Konformationsisomeren infolge schneller Drehungen um die C—C-Bindung gedeutet werden. Das Spektrum bei —80 °C zeigt jedoch fünf scharfe Linien; die vier neuen Linien entsprechen den Konformationen *B* und *C*, die als Spiegelbilder das gleiche Spektrum haben. Die Aufspaltung in ein symmetrisches Vierlinienmuster ist auf *Spin-Spin*-Wechselwirkung zurückzuführen. Damit ist die Frage dahin entschieden, daß sich das Gleichgewicht bei 0 °C sehr schnell einstellt. Aus dem Spektrum bei —80 °C kann man abschätzen, welchen Anteil die einzelnen Konformationen haben und mit welcher Geschwindigkeit sich die Umwandlung vollzieht. Die axiale und äquatoriale Orientierung von Wasserstoffatomen in Naturstoffen konnte mit Hilfe von *KMR*-Spektren gut unterschieden werden.

Schließlich seien noch kinetische und Gleichgewichtsmessungen erwähnt, die vielfach zur Klärung von Konformationen herangezogen werden.

31. Konformationen von geringförmigen Verbindungen

31.1. Der Drei- und Vier-Ring

Der Kohlenstoffdreiring besitzt eine relativ geringe Bildungstendenz. Aus Elektronenbeugungsaufnahmen geht hervor, daß die H—C—H-Bindungen Winkel von fast 120° bilden, die durch die Ebene der C-Atome halbiert werden. Auf Grund dieses Befundes kommt den C-Atomen im Cyclopropan keine reine sp^3-Hydridisation zu. Die Cyclopropancarbonsäure besitzt eine Symmetrieebene, wobei das die Carboxylgruppe tragende C-Atom selbst nicht chiral ist. Die 1,2-Di- und 1,2,3-Trisubstitutionsprodukte des Cyclopropans können dagegen in einer

(+)- und einer (—)-Form auftreten, da hier bereits Dissymmetrie vorliegt.

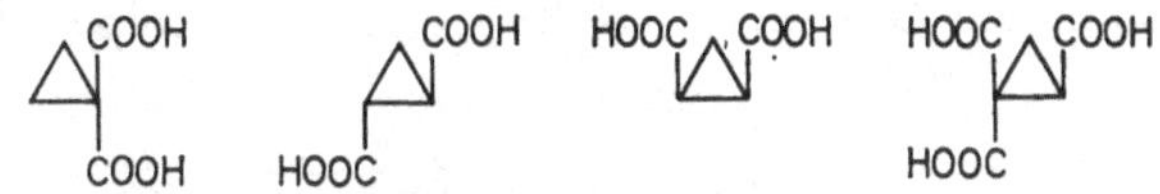

inaktiv trans, aktiv cis / meso aktiv

In der *cis*-Form stehen die beiden Carboxylgruppen auf der gleichen Seite der Ringebene, sind also räumlich benachbart und bilden unter Wasseraustritt ein Anhydrid. Demgegenüber gibt die *trans*-Form, in der sich die beiden Carboxylgruppen auf verschiedenen Seiten der Ringebene befinden, kein Anhydrid.

Während sich in der *cis*-Form durch die $-CH_2$-Gruppe eine Symmetrieebene legen läßt, besitzt die *trans*-Form weder eine Symmetrieebene noch ein Symmetriezentrum, und ist daher in optische Antipoden spaltbar. Damit ist die *trans*-Form als (+)-Form und die *cis*-Form als *meso*-Form zu bezeichnen. Mit der Angabe *trans*-Form ist allerdings die Konfiguration noch nicht endgültig abgeklärt, denn sein Antipode ist ebenfalls eine *trans*-Form. Zur eindeutigen Klärung bedarf es also noch der Feststellung, welches der Enantiomeren *S*- und welches *R*-Konfiguration besitzt.

Diese Erkenntnis ist gültig für alle nichtaromatischen Systeme mit ungerader Gliederzahl. Haben wir dagegen Ringe mit gerader Gliederzahl, so ist in jedes Molekül eine Symmetrieebene hineinzulegen, solange die Substituenten nicht dissymmetrisch sind. Dadurch sind sowohl die *cis*- als auch die *trans*-Formen des Cyclobutans immer symmetrisch.

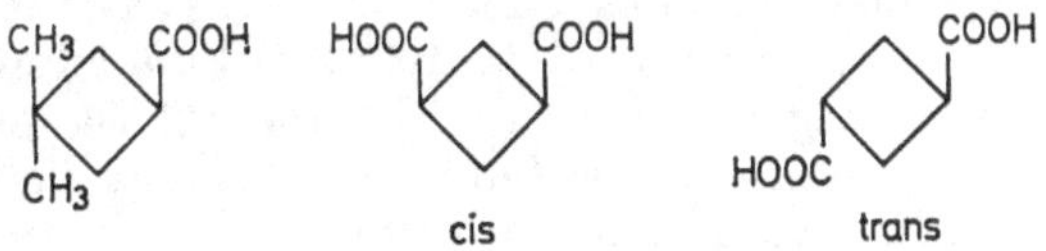

cis trans

Liegen dagegen bei Ringen mit gerader Gliederzahl n mit $n \geqq 6$ vor, so sind Beispiele bekannt, in denen als Symmetrieelement ein Symmetriezentrum auftritt. Das bekannteste Beispiel ist die Gruppe der Diketopiperazine.

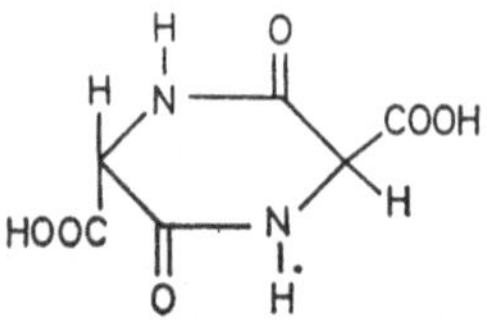

trans mit Symmetriezentrum

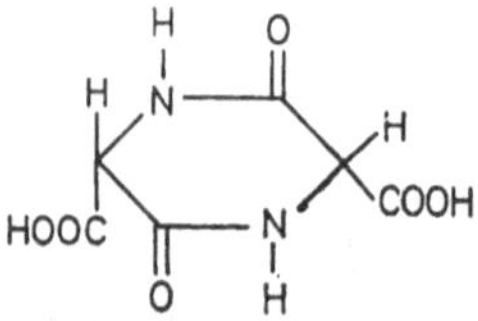

.cis-aktiv ohne Symmetriezentrum

Bevor weitere Betrachtungen über höhergliedrige Ringsysteme angestellt werden, muß das Problem der Stabilität der Ringsysteme als Funktion der Ringgröße näher betrachtet werden.

Die wichtigsten Daten, die eine Aussage hierüber erlauben, können den Bestimmungen über die Verbrennungswärme der Cycloalkane entnommen werden. Prinzipiell werden diese Cycloalkane nach einem Vorschlag von Prelog in vier Kategorien eingeteilt: kleine Ringe (3- und 4gliedrig), gewöhnliche Ringe (5-, 6- und 7gliedrig), mittlere Ringe (8—11gliedrig) und große Ringe (12gliedrig und höher).

Als erster versuchte A. v. Baeyer eine Erklärung für die unterschiedliche Bildungstendenz und Stabilität in Abhängigkeit von der Gliederzahl zu geben. Er ging dabei von der Überlegung aus, daß alle Ringe eben gebaut sind. Dementsprechend müßten die Bindungswinkel an den C-Atomen von dem normalen Tetraederwinkel (109° 28′) abweichen. Diese Deformation der Bindungswinkel sollte sich in einer Ringspannung, d. h. in der Ausbildung eines energiereicheren Systems bemerkbar machen.

Diese Winkelspannung oder auch Baeyer-Spannung wird durch den Wert $d = 1/2$ (109° 28′)-Bindungswinkel im ebenen Ring definiert. Der Faktor 1/2 ist vor die Differenz zu setzen, da die Bindung und damit die Spannung sich auf zwei Bindungen verteilt.

Derartige Spannungsenergiebeträge können quantitativ gemessen werden als Differenz der Verbennungswärme der zu untersuchenden Verbindung und $(CH_2)_n$ mit der gleichen Anzahl Kohlenstoffatome. Die Verbrennungswärme dieser hypothetischen Verbindung ist geschätzt als $n \times 157{,}4$ kcal/Mol, wobei der Wert von 157,4 kcal/Mol die ungefähre Differenz der Verbrennungswärme beim Übergang von einem offenen Kohlenwasserstoff zu seinem nächst höheren Homologen darstellt.

Danach errechnen sich für die ersten acht alicyklischen Kohlenwasserstoffe bei einer regulären Anordnung der C-Atome im Ring die in der folgenden Tabelle angegebenen Werte:

Kohlenwasserstoff	Bindungswinkel bei ebener Anordnung	Abweichung vom Tetraederwinkels	Verbrennungswärme pro CH_2	Spannungsenergie/CH_2
Äthylen (2 Ring)	0	+54,44	170,0Kcal	12,5kc
Cyclopropan	60	+24,44	166,6	9,2
Cyclobutan	90	+ 9° 44′	163,9	6,5
Cyclopentan	108	0° 44′	158,7	1,3
Cyclohexan	120	− 5° 16′	157,4	0,0
Cycloheptan	128° 34′	− 9° 33′	158,3	−0,9
Cyclooctan	135	−12° 46′	158,6	−1,2

Man sieht, daß vom Cyclopropan über das Cyclobutan zum Cyclopentan mit der Verringerung der Winkelspannung auch eine Abnahme der Verbrennungswärme pro CH_2 einhergeht. Damit im Einklang stehen ihre chemischen Eigenschaften. An diesen Beispielen wurde erstmalig die Bedeutung des Bindungswinkels für die Stabilität bzw. Reaktivität organischer Verbindungen demonstriert. Besonders begünstigt ist die Bildung der Fünf- und Sechsringe, in denen die Ringspannung ein Minimum aufweist. Allerdings steht die von Baeyers Theorie geforderte Spannung im Cyclohexanring durch Winkelaufspreizung auf 120° im für eben gehaltenen Sechseck im Widerspruch zu der besonders niedrigen Verbrennungswärme. Dieser Widerspruch ist aber leicht dadurch zu erklären, daß bei diesen Ringsystemen die Grundvoraussetzung der Spannungstheorie, nämlich der ebene Bau, nicht mehr stimmt. Heute weiß man, daß Cyclohexan und alle höheren hydrierten Ringsysteme, durch Ausweichen in gewellte Ringstrukturen, nahezu normale Tetraederwinkel einzuhalten vermögen. Deshalb ist die BAEYER-Theorie auf derartige Ringsysteme nicht anwendbar. Setzt man allerdings beim Cyclohexan eine spannungsfreie Sesselform in die Betrachtungen ein, so resultiert in der Tat ein Produkt, dessen Verbrennungswärme dann der postulierten Struktur vollkommen entsprechen.

32. Das Fünfringsystem

Beim Fünfring haben thermodynamische Berechnungen ergeben, daß das unsubstituierte Cyclopentan wahrscheinlich in einer Reihe von sich ständig abwechselnden Formen vorliegt. Man kann sich unter anderem das Molekül mit vier C-Atomen in einer Ebene und dem fünften C-Atom als Buckel über oder unter der Ebene vorstellen; dabei wechselt das nur ein wenig aus der Ebene herausragende C-Atom ständig.

Wählt man die Papierebene als Bezugsebene, so zeigen die beiden folgenden Abbildungen, um wieviel ANGSTRÖM-Einheiten sich entweder ein C-Atom oberhalb oder unterhalb dieser Bezugsebene befindet, oder wenn wir die Annahme treffen, daß auch die Möglichkeit besteht, daß zwei Atome aus der Ebene herausgedreht werden, so ist die zweite Form denkbar. Die gepunkteten Linien geben die Symmetrieebenen wider.

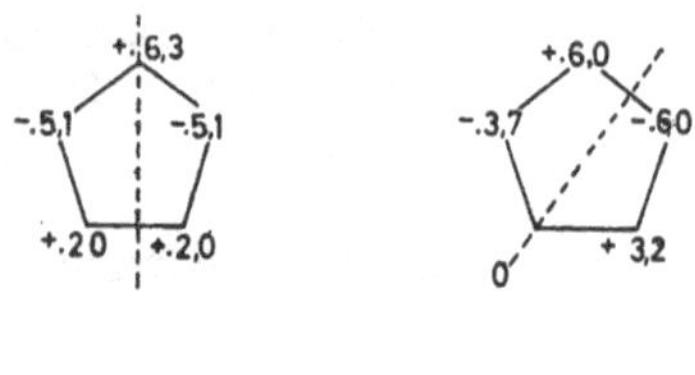

Hiermit stimmt recht gut überein, das aus Elektronenbeugungsaufnahmen ein C—C-Abstand von 1,51 Å und ein C—H-Abstand von 1,09 Å gefunden wurde. Obgleich diese von PITZER aus thermodynamischen Untersuchungen abgeleiteten „Strukturen" ein recht anschauliches Bild des Cyclopentan-Ringsystems vermitteln, sollte doch nicht vergessen werden, das dieses Ringsystem nicht starr ist, sondern eine pseudo-Rotation erleidet, an dem alle C-Atome beteiligt sind.

In der ebenen Form würde der Winkel 108° betragen und damit nur minimal vom Tetraederwinkel 109° 28′ abweichen und so auch nur eine geringe Winkelspannung hervorrufen. Allerdings müßten in der ebenen Form fünf Methylengruppen eine ekliptische Konformation einnehmen und dadurch eine beträchtliche Spannung verursachen. Durch die Abweichung vom ebenen Bau können die Bindungen günstigere Konformationen einnehmen, wodurch die PITZER-Spannung gesenkt wird. Zum Unterschied von der „BAEYER-Spannung", welche durch Deformation des Tetraederwinkels erzeugt wird, tritt die PITZER-Spannung auf, wenn Moleküle zur Erhaltung der Bindungswinkel und der Atomabstände ungünstigere Konformationen einnehmen müssen.

Für die vielen denkbaren Formen des Cyclopentanringes sind zwei mit dem höchsten Symmetriegrad als Briefumschlagform (4-C-Atome in einer Ebene; die Symmetrieebene ist senkrecht zur gemittelten Ring ebene zu denken), und die Halbsesselform 3-C-Atome in einer Ebene (besitzt zugleich eine zweizählige Drehachse, die durch eine Ecke und die gegenüberliegende Seite des Fünfrings läuft) empfohlen worden:

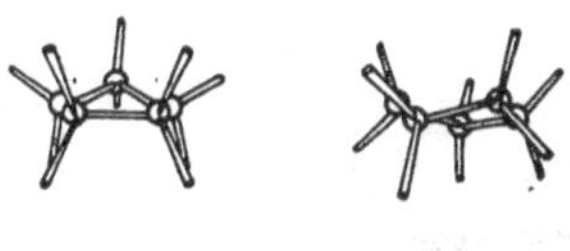

33. Das Sechsring-System

Im Zusammenhang mit der Diskussion um die Spannungstheorie stellte SACHSE im Jahre 1890 die Hypothese auf, daß die C-Atome bei der Ringbildung das Bestreben haben, ihre ursprüngliche Tetraederstruktur zu wahren. Damit können beim Cyclohexan zwei nicht ebene Formen frei von jeglicher BAEYER-Spannung konstruiert werden, in denen alle Valenzwinkel Tetraederwinkel von 109° 28′ sind. Diese beiden Formen werden als Sessel und Wannenform bezeichnet (engl.: chair- und boat-Form). In der Sesselform, die im Aufbau dem Diamantgitter entspricht, sind die sechs C-Atome alternierend in zwei parallelen Ebenen mit je drei C-Atomen angeordnet. Dagegen finden sich die C-Atome 1 und 4 in der Wannenform auf der gleichen Seite der durch die vier anderen C-Atome festgelegten Ebene.

Sesselform

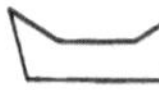

Wannenform

Beide Formen unterscheiden sich durch verschiedene PITZER-Spannung. Nimmt man als Kriterium für die Beschreibbarkeit die Lage von mindestens vier Atomen in einer Ebene an, so ergeben sich beim Sechsring neben der Sessel- und Wannenform vier weitere Formen:

Ebene

Briefumschlag

Halbsessel

Twistform

Diese und alle nicht beschreibbaren flexiblen Formen stehen untereinander im Gleichgewicht; die gegenseitige Umwandlung ist über Wege mit verschiedenem Energiebedarf möglich. Es ist leicht einzusehen, daß man einen Sessel, dessen Lehne man umklappt, über eine Wanne als Zwischenform in einen anderen Sessel umwandeln kann. Die folgende Abbildung zeigt, welche Formen beim Verändern der stabilsten, der Sesselform, durchlaufen werden können. Am auffälligsten ist die bisher wenig beachtete Tatsache, daß man die Sesselform auch auf einem Weg über die halbrotierte Form und zwar mit geringerem Energieaufwand als über die Wannenform, umklappen kann. Die Abbildung zeigt auch deutlich, daß die halbrotierte oder auch *twist*-Form energetisch stabiler als die Wannenform ist. Eine Beteiligung der *twist*-Form muß bei allen Diskussionen von substituierten Cyclohexanen berücksichtigt werden.

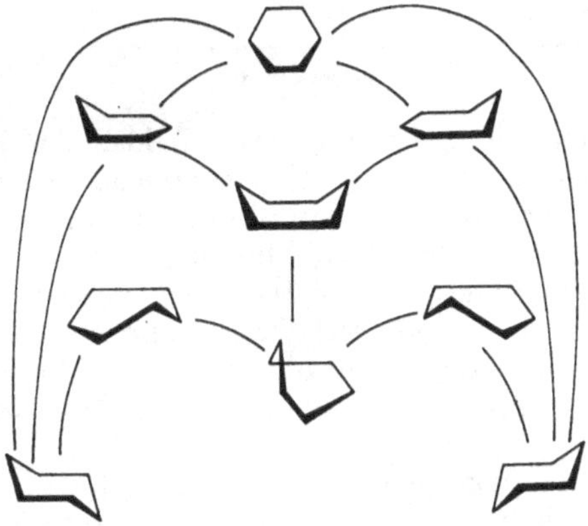

Energiediagramm

Überträgt man diese Überlegungen in ein Energiediagramm, so findet man zunächst ein Minimum, dem die Sesselform entspricht, da hierbei weder Spannungen der Valenzwinkel, noch solche durch ekliptische Konformationen zu erwarten sind. Nimmt man dann die im letzten Bild dargestellte Umwandlung des Sessels vor, so läßt sich diese Transformation sicherlich nur über Deformationen von Valenzwinkeln erreichen. Hierzu muß das Molekül einen Potentialberg überschreiten, um dann in die andere Form überzugehen. Diese nächste Form wäre eine *twist*-Form, die dann anschließend in eine Wannenform übergehen kann:

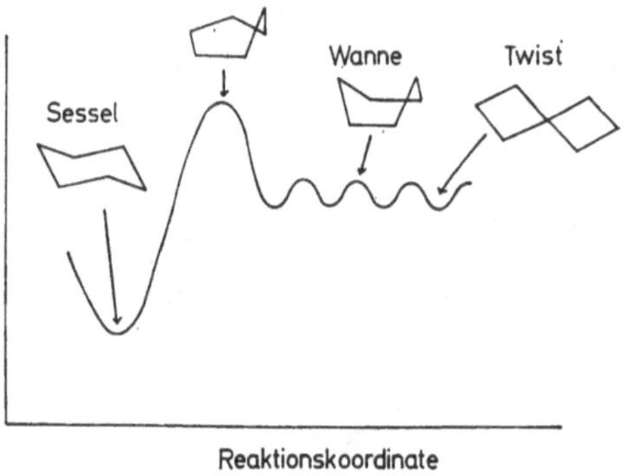

In Übereinstimmung mit diesen beiden Abbildungen haben auch spektroskopische Untersuchungen zu dem Schluß geführt, daß die Sesselform stabiler ist als die Wannenform. Die Ursache hierfür ist in der gegenseitigen sterischen Behinderung der H-Atome (erhöhte PITZER-Spannung) zu suchen. Die Energiebarriere, die beide Formen trennt, konnte sowohl durch Berechnungen als auch durch Messungen zu 5—6 kcal/Mol bestimmt werden.

Die beiden von jedem C-Atom ausgehenden C—H-Bindungen haben eine verschiedene Orientierung. Die zur dreizähligen Symmetrie-Achse des Sechsrings bzw. der sechszähligen Drehspiegelachse parallelen Bedingungen, und zwar oberhalb und drei unterhalb der Ringebene werden als axial abgekürzt *a*, die fast in der Ebene liegenden C—H-Bindungen werden als äquatorial, abgekürzt *e*, bezeichnet. Nur am Modell läßt sich erkennen, daß jeder äquatorial orientierte Substituent etwa den gleichen Abstand (vergleichsweise für C—C= 2,9 Å) zu den zwei äquatorial und den zwei axial orientierten Substituenten

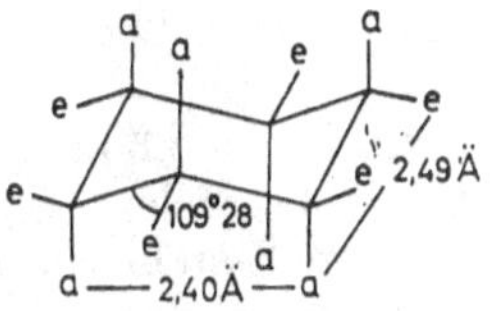

an den benachbarten C-Atomen hat (1.2-Wechselwirkung). Jeder axial orientierte Substituent hat diesen Abstand nur zu den zwei äquatorial orientierten Substituenten an den benachbarten C-Atomen (1.2-Wechselwirkung), aber einen geringeren Abstand (vergleichweise für C—C = 2.5 Å zu den zwei anderen axial orientierten Substituenten auf der gleichen Ringseite (1.3-Wechselwirkung). Bei den meisten Substituenten sind die diaxialen 1.3-Wechselwirkungen größer als die 1.2-Wechselwirkungen und verursachen dadurch einen höheren Energieeinhalt der Konformation mit axial orientierten Substituenten.

Den Energieunterschied zwischen Sessel- und Wannenform des Cyclohexans kann man nach folgenden Methoden abschätzen: Bei der unter den meisten Bedingungen bevorzugten Sesselform des Cyclohexans liegen sechs syn-clinale (oder gestaffelte) Konformationen vor. Konformationen also, in denen keine Winkelspannungen und keine sterischen Behinderungen der H-Atome auftreten. Bei der Wannenform sind zwei C—C-Bindungen um 60° verdreht. Verwendet man den für Äthan ermittelten Wert der Energiebarriere von etwa 3 kcal/Mol, so wäre der Energieunterschied zwischen Sessel- und Wannenform doppelt so groß wie die Energiebarriere im Äthan, also rund 6 kcal/Mol. Die beiden Lactone der folgenden Abbildung unterscheiden sich nur durch die Sessel- und Wannenform im Zentralring; aus dem Unterschied der Verbrennungs- und Sublimationswärme wurde

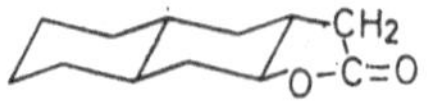

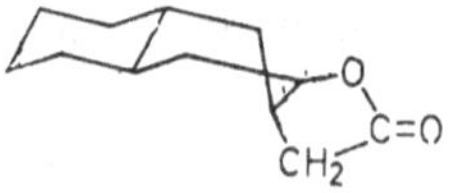

ein Enthalpie-Unterschied von 5,3 kcal/Mol errechnet.

Eine andere Methode betrachtet Cyclohexan als aus sechs *n*-Butan-Strukturen bestehend! Hierbei wird jede Bindung als Zentralbindung des *n*-Butans betrachtet. Die berechneten Werte hängen natürlich von den noch nicht genügend genau bestimmten Werten für die Potentialschwellen der Butan-Konformation ab.

Eine andere Methode der Abschätzung beruht auf den Atomabständen. Hierbei hat man davon auszugehen, daß die Abstoßung gewisser nicht miteinander verbundener Atome (non-bonded-interaction) ein wesentlicher Faktor ist, und exponentiell mit der Verminderung des Abstandes zunimmt. Nach einer von Mason aufgestellten Beziehung zwischen dem Kernabstand und der potentiellen Energie ist unter Hinzufügung eines Faktors von 0,75 die folgende Tabelle der Energie der H:H-Effekte denkbar:

Abstand (Å)	kcal/Mol	Abstand	kcal/Mol
1,80	9,10	2,40	1,43
1,84	8,25	2,49 syn klinal	1,07
1,90	6,80	2,50 (1:3)	1,04
2,00	5,00	2,60	0,89
2,10	3,60	2,70	0,57
2,20	2,70	2,80	0,32
2,27 (ekliptisch)	2,14	2,90	0,13
2,30	1,90	3,00	0,0

In der Sesselform des Cyclohexans beträgt der Abstand von 1β-H zu 2β-H 2,49 Å, der von 1αH zu 2αH und zu 2βH ebenfalls 2,49 Å. Das diaxiale 1β · 2α-Paar ist mit 3,00 Å für eine gegenseitige Beeinflussung zu weit voneinander entfernt. Es gibt damit zwölf H:H-Effekte aus syn-klinalen Konformationen und sechs 1:3-H-Effekte. Die gesamte Spannungsenergie beträgt damit $(12 \times 1{,}07) + (6 \times 1{,}04) = 19{,}1$ kcal. Die reguläre Wannenform des Cyclohexans enthält aber fünf Arten von Wasserstoffpaaren, die wie folgt vorliegen:

Typ	Position	A kcal	kcal
Bug-Heck	1β.4β	1,84	8,25
ekliptisch	2α.3α.2β3β; 5α6α.5β.6β	2,27	4 × 2,14
syn-klinal	3β.4α.3β.4α; 4α5α.4α.5β 4β.5β.6α.1α; 1β.1β	2,49	12 × 1,07
diaxial	1β.2α; 3α, 5α; 6α.1β	3,0	–
trans	2α.3β; 2β.3α; 5α.6β; 5β.6α	3,0	–

Die gesamte Spannungsenergie der Wannenform (insgesamt) beträgt damit 29,6 kcal.

Die *twist*-Form liegt auf dem gezeigten Energiediagramm unterhalb der reinen Wannenform, aber oberhalb der Sesselform. Das wird verständlich, wenn man das Bild der Wanne und der *twist*-Form miteinander vergleicht. Liegt in der Wanne eine Behinderung der H-Atome an den Seiten der Wanne vor und noch zusätzlich eine recht beträchtliche Wechselwirkung zwischen den H-Atomen am C-1 und C-4 vor — die H-Kerne sind hier nur etwa 1,8 Å voneinander entfernt, während die Summe der van der Waalschen Radien zweier Wasserstoffatome im spannungsfreien Zustand 2,4 Å beträgt — so ist diese Behinderung sowohl der ekliptischen Konformationen als auch die 1.4-Wechselwirkung in der *twist*-

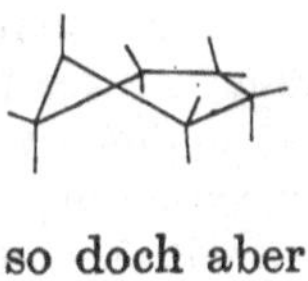

Form, wenn nicht aufgehoben, so doch aber wesentlich gemildert.

33.1. Monosubstitutionsprodukte des Cyclohexans

Im allgemeinen findet man beim Cyclohexan und seinen Substitutionsprodukten als bevorzugte Form die Sesselform, und bei dieser die von der Hauptachse unter einem Winkel von 70° wegweisende Bindung, die Äquatoriale. Damit ist bereits die Existenz zweier isomerer mono-Cyclohexan-Substitutionsprodukte vorausgesagt:

A B

Nimmt man an der Form *A* nun wiederum das Umklappen der Sessellehne vor, so wird aus dem äquatorialen Substituenten ein axialer und damit entsteht ein Konformationsisomeres oder Konformeres. Die Voraussage, welches dieser Konformere stabiler ist, geschieht wieder durch Betrachtung der Konformationen. Das Konformere mit dem axialen Substituenten weist syn-clinale Konformationen auf, wohingegen im äquatorialen Konformeren keine syn-clinale Konformation für dasjenige C-Atom, das den Substituenten trägt, zu erwarten ist. Da der Unterschied der potentiellen Energie zwischen den beiden Konformationen 0,8 kcal/Mol beträgt,

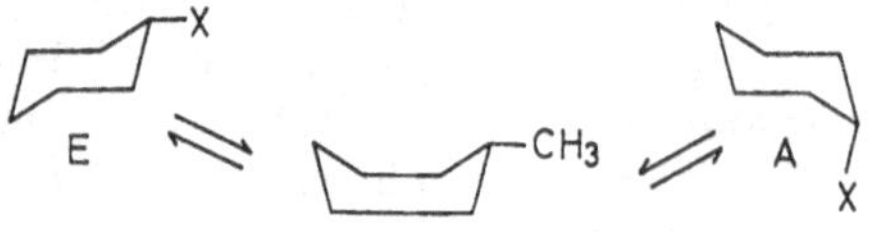

wird die zu erwartende Differenz 1,6 kcal/Mol betragen. (Es sind zwei Konformationen zu betrachten.)

Überträgt man diese Überlegungen wieder in ein Energiediagramm, in dem die potentielle Energie als Funktion der Konformation dargestellt ist, so ergibt sich folgendes Bild, aus dem abzulesen ist, daß dasjenige Konformere mit dem äquatorialen Substituenten das Stabilere ist. Dieser Befund stimmt mit den Elektronenbeugungsaufnahmen überein.

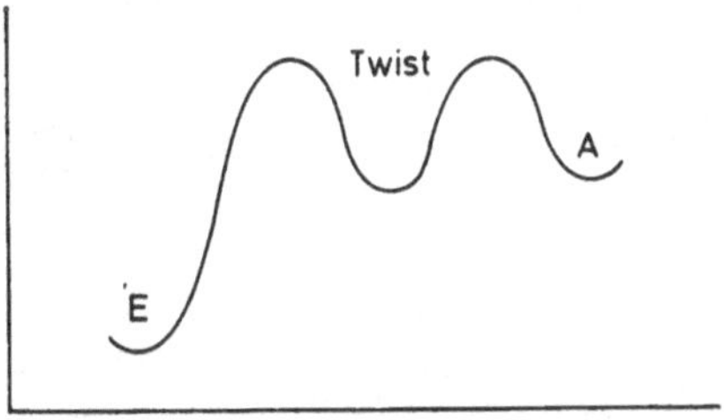

Zwischen beiden Konformeren besteht allerdings ein Gleichgewicht, das sich sehr schnell einstellt, demzufolge bei Zimmertemperatur rund 95% der Molekeln äquatoriale und 5% axiale Konformation besitzen.

Die äquatoriale Position ist also eindeutig die bevorzugte Stellung, vor allem für größere Substituenten, wiederum von einigen Fällen abgesehen, in denen Dipolabstoßung oder -anziehung, besonders große Raumerfüllung von Substituenten oder Wasserstoffbrücken ihren Einfluß ausüben. Während bei Bromcyclohexan das Bromatom vorwiegend äquatorial orientiert ist, verursacht der elektrostatische Effekt von zwei Brom-

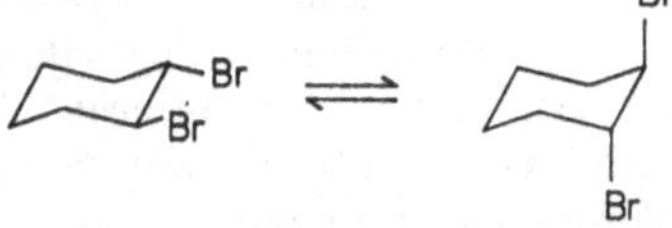

Dipolen (Abstoßung negativer Ladungen) eine größere Bevorzugung der diaxialen Orientierung beim trans-1.2-Dibrocyclohexan, so daß die Konformeren in etwa gleichen Anteilen vorliegen.

33.2. Disubstitutionsprodukte des Cyclohexans

Bei mehrfach substituierten Cyclohexanderivaten werden die Isomerieverhältnisse ziemlich kompliziert. Schon beim Eintritt von zwei gleichen Substituenten an verschiedenen C-Atomen des Sechsrings sind zunächst drei Stellungsisomere möglich, und zwar 1.2-, 1.3- und 1.4-Cyclohexanderivate, von denen jedes in einer *cis*- und einer *trans*-Form auftreten kann.

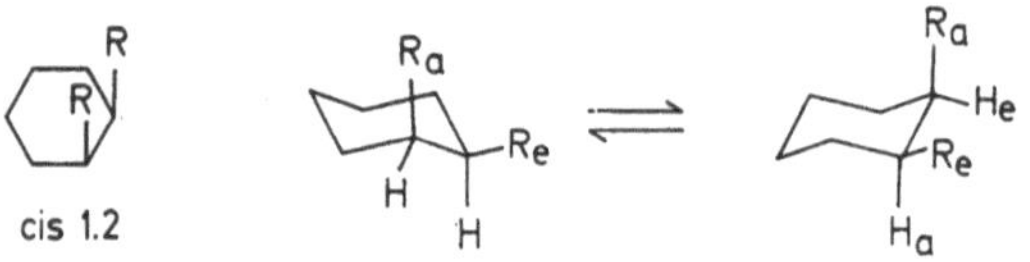

cis 1.2

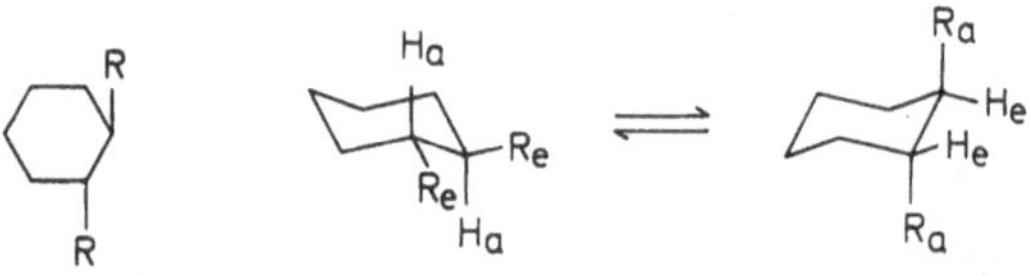

trans 1.2

In der *cis*-Form haften beide Substituenten auf derselben Seite, in der *trans*-Form auf verschiedenen Seiten des Moleküls. Projiziert man die Sesselform des Cyclohexans in die Zeichenebene, so kommt man zu den voranstehenden Formeln für die disubstituierten Cyclohexan-Derivate. In der *cis*-1.2-, *trans*-1.3- und *cis*-1.4-Verbindung müssen die beiden Substituenten je eine äquatoriale und eine axiale Position einnehmen. Beim Umklappen der einen Sesselformation in die andere geht der axiale Substituent in einen äquatorialen über und umgekehrt. Daher sind beide Sesselkonformationen gleichberechtigt. Andererseits existieren die *trans*-1.2-, *cis*-1.3- und *trans*-1.4-Derivate in zwei energetisch unterschiedlichen Konformationen, in denen beide Substituenten entweder äquatorial oder axial angeordnet sind.

Man erkennt ferner, daß es von *cis*-1.2-Isomeren zwei Konformere gibt, die sich zueinander wie Enantiomere verhalten, und daß sich die Konformere der *trans*-1.2-, *cis*-1.3- und *trans*-1.4-Isomere zueinander wie Diastereoisomere verhalten, d. h. sie sind in optische Antipoden spaltbar.

Wie in den Monosubstitutionsprodukten bevorzugen auch andere Substituenten in di- und polysubstituierten Cyclohexan-Derivaten die äquatoriale Lage, sofern nicht

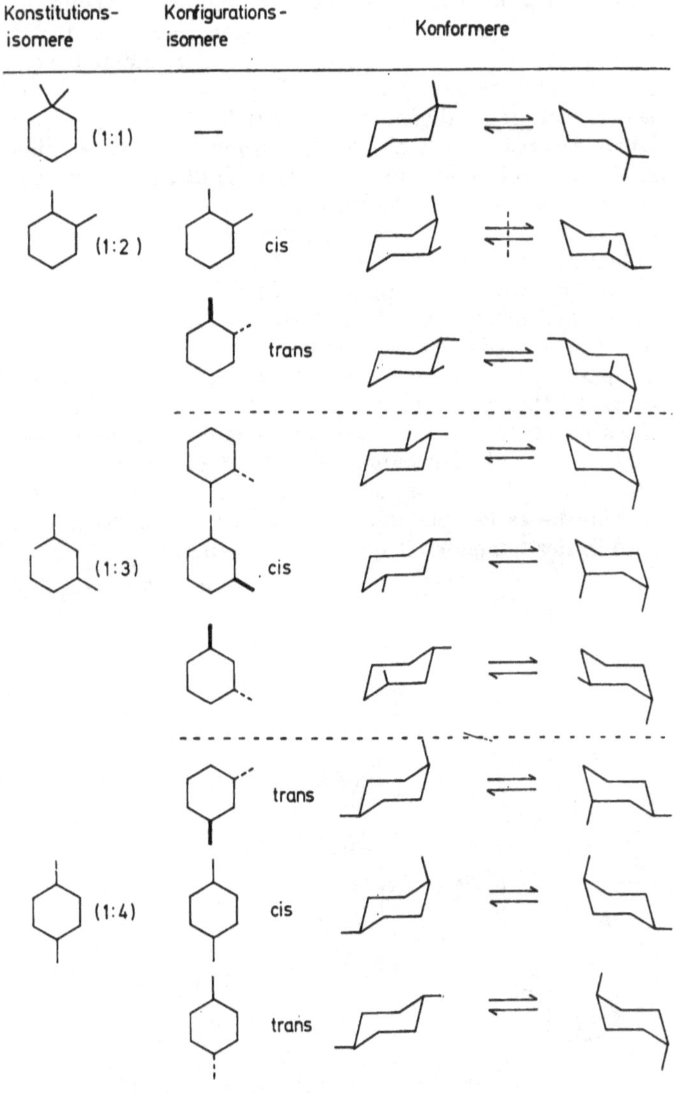
Konstitutions-
isomere
Konfigurations-
isomere
Konformere
(1:1)
—
(1:2)
cis
trans
(1:3)
cis
trans
(1:4)
cis
trans

elektrostatische Abstoßungskräfte wie beim Dibromcyclohexan eine andere Konformation aufzwingen. Da die äquatoriale Lage aus Konformationsgründen bevorzugt ist und andererseits sterisch weniger behindert ist, lassen sich ganz allgemein äquatoriale Carboxylgruppen leichter verestern als axiale. Im Gegensatz dazu werden sekundäre Alkohole, die eine axiale Hydroxygruppe besitzen, leichter mit Chromsäure zum Keton oxydiert, als wenn eine äquatoriale Hydroxygruppe vorliegt. So haben neuere Arbeiten gezeigt, daß bei 30° alle axialen Methoxy-Carbonyl-Gruppen in Steroiden 17mal langsamer hydrolysiert werden, als äquatoriale, und daß bei der CrO_3-Oxydation von Alkoholen die axialen OH-Gruppen 170mal schneller oxydiert werden als die äquatorialen. Man hat bisher nur zwei Ausnahmen gefunden, die aber sterisch erklärt werden können. Das erste Beispiel zeigt, daß das Monoacetat 1.3-diaxialer Diole viel schneller verseift wird als es für axiale Acetate üblich ist. Die für dieses Beispiel in der Literatur verfügbaren Daten sind in der folgenden Tabelle zusammengestellt.

	OAc	OH	% Hydrolyse
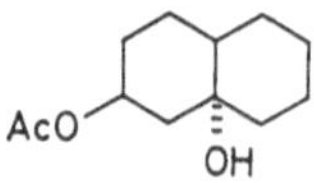	e	a	18
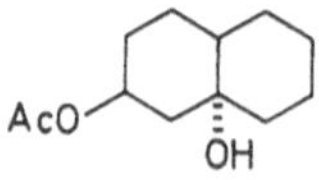	a	a	70
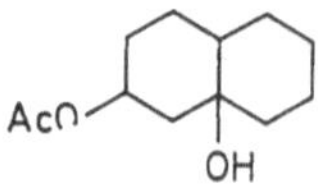	e	a	13
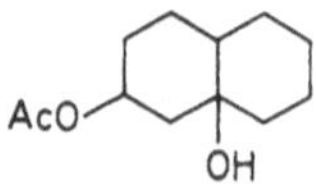	a	a	78

Diese Ergebnisse sind erklärbar, wenn man sich die Konformation ansieht. Bei dem axialen Isomeren ist die Hydroxygruppe ideal gelegen für eine Wasserstoffbrükkenbindung zum Ester, da 1.3-diaxiale Substituenten einen wesentlich geringeren Abstand besitzen, so daß sich dessen Hydrolyse sehr erleichtert hat.

Das zweite Beispiel zeigt, daß eine axiale Hydroxy-Gruppe, im Gegensatz zu einer äquatorialen, insofern reaktionsfähiger sein kann, als sie auch katalytisch auf Ringöffnungen wirkt, und zwar bei der Spaltung des Lumisterol 5β,8β-epidioxids mit alkoholischer *KOH*. Bereits unter milden Bedingungen findet hier bei *A* mit einer axialen OH-Gruppe eine Umgruppierung zu einem 3.5-Epidioxid statt. Dieser Reaktionsverlauf findet eine leichte Erklärung am Modell, denn hier zeigt sich, daß nur im β-Isomeren die 2 O-Atome am C-3 und C-5 eng genug zusammenstehen, um die Neubildung eines Epidioxids zu ermöglichen, da beide axial in bezug auf den Ring *A* angeordnet sind.

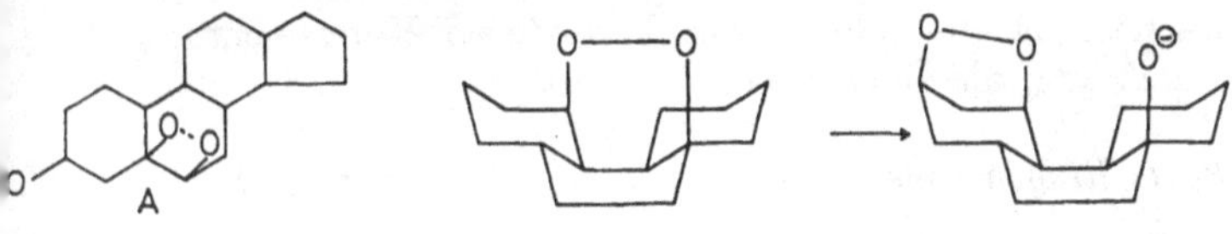

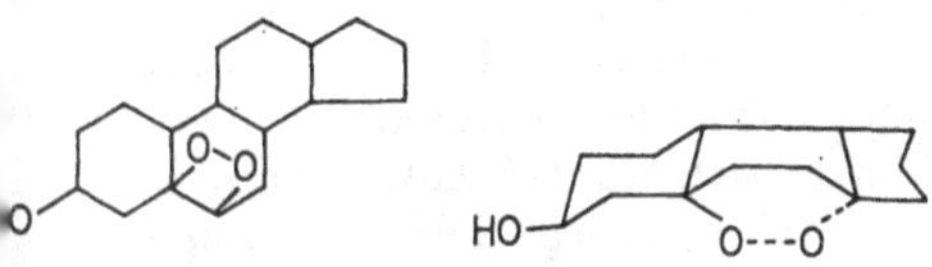

Der erste Schritt der Öffnung wäre die Bildung eines Anions am C-3, Bildung einer hypothetischen Zwischenstufe mit einer OH-Gruppe am C-8 und Bildung des Epdioxids zwischen C-3 und C-5. Eine solche Reaktion ist mit einer 3β-äquatorialen Hydroxygruppe, wie im Ergosterol und im α-Lumisterol, auch unter sehr energischen Bedingungen nicht zu erwarten, da hier die OH-Gruppe zu weit von der Epidioxid-Brücke entfernt ist.

34. Das ungesättigte Sechsringsystem

Erhält das bisher behandelte Cyclohexan-Ringsystem durch eine Reaktion *sp*2-hydridisierte Kohlenstoffatome mit trigonaler Bindungsanordnung, so wird die Konformation deformiert, indem die vier der Doppelbindung am nächsten liegenden C-Atome in einer Ebene liegen und die beiden übrigen C-Atome jeweils oberhalb und unterhalb der gedachten Ebene angeordnet sind.

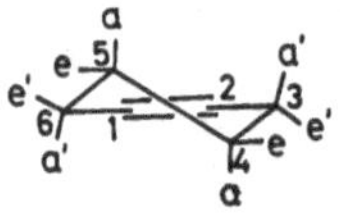

Da die bisherigen axialen und äquatorialen Bindungen die an sie gestellten sterischen Bedingungen nicht mehr erfüllen, werden die direkt an der Doppelbindung haftenden Bindungen als *pseudoaxial* oder *pseudoäquatorial* bezeichnet, je nachdem welchen Winkel sie mit der gedachten Ebene bilden. Zur besonderen Kennzeichnung nutzt man die Buchstaben *a'* und *e'*.

34.1. Ringsysteme mit mehr als 6-C-Atomen, Cycloheptan

Für das Cycloheptan gilt im allgemeinen die Sesselform als die stabilste Konformation. Diese Sesselform weicht von der Cyclohexan-Sessel-Konformation insofern ab, als eine Verdrillung stattgefunden hat und damit eine zweizählige Symmetrieachse vorliegt. Die eine Sesselkonformation wäre auf Grund der Einzelkonformation als energieärmer anzusehen. Die noch mögliche Wannenkonformation wäre, unter der Voraussetzung, daß man eine Spreizung der C—C—C-Winkel auf 112° annimmt, sicherlich die energiereichste Konformation

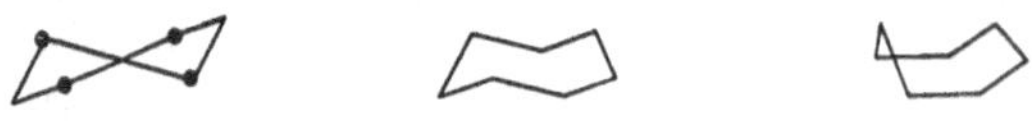

verdrillter Sessel Sessel Wanne

35. Mittlere Kohlenstoffringe

Eine besondere Gruppe alicyclischer Verbindungen bilden die mittleren Kohlenstoffringe mit 8—12 Gliedern, deren Verhalten oft von dem der normalen und großen Ringe sowie der aliphatischen Analoga wesentlich abweicht. Auffallend ist vor allem ihre geringe Bildungstendenz. Um sich eine Vorstellung von den Schwierigkeiten der rein theoretischen Behandlung dieses Problems zu machen, muß man sich vergegenwärtigen, daß bei der Berechnung der potentiellen Energie einer Konformation wenigstens drei Beiträge berücksichtigt werden müssen: Valenzwinkelenergie (Deformationsenergie = BAEYER-Spannung), Torsionswinkelenergie (Abweichung vom Minimum = PITZER-Spannung) und transannulare Wechselwirkung der nichtgebundenen Atome. Es besteht kein Zweifel, daß die Atome in den biegsamen Ringgerüsten Bewegungen mit beträchtlichen Abweichungen von ihrer Gleichgewichtslage ausführen. Diese interne Bewegung offenbart sich bei röntgenographischen Aufnahmen durch eine anormale starke Verminderung der Intensität bei größeren Beugungswinkeln. Wie aus der nachfolgenden Übersicht klar wird, ist auch bei einer Weitung des Winkels von 5° nur eine Energie von 0,5 kcal/Mol und bei einer solchen von 10° nur eine Energie von 1,9 kcal/Mol erforderlich. Für eine ähnliche Aufweitung des Winkels in einfachen Bindungen einer gesättigten Molekel sind dagegen 2,8 kcal/Mol erforderlich, d. h. die Änderung des Winkels in einer C—C—C-Formation einer —CH_2-Kette der normalerweise 122° beträgt, zwischen den Werten 100° und 124°, ist so leicht möglich wie die Drehung um eine C—C-Einfachbindung.

Aus diesen Erwägungen sind für das Cyclooctan drei Konformationen in Betracht gezogen worden, die als Wanne, Sessel und Krone bezeichnet wurden. Legt man für die Sesselkonformation einen Bindungswinkel von 114,2° zugrunde, so erhält man für die Krone Bindungswinkel von 113,2°, und für die übrige Konformation

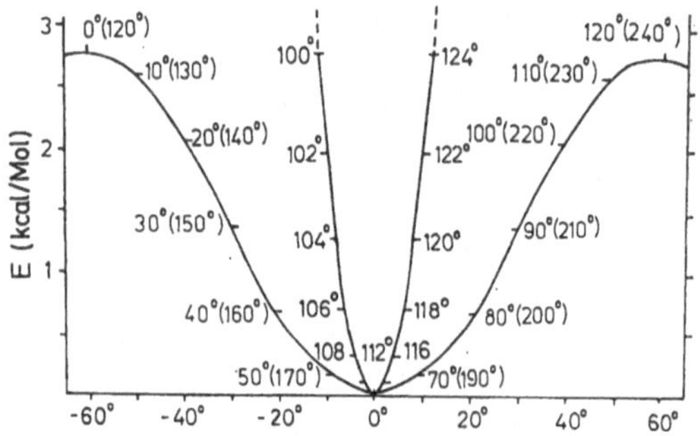

Bindungswinkel von 112°. Die hieraus ableitbaren Konformationen führen damit zu dem Schluß, daß die in der Abbildung in der Mitte stehende Konformation die stabilste sein sollte, da in allen anderen Konformationen

einige Wasserstoffatome gegen das Zentrum des Ringes gerichtet sind und zur transannularen Wechselwirkung gelangen. Diese Wechselwirkung gibt Anlaß zu einer VAN DER WAALS-Spannung (nonbonded interaction). Dieser Typus von Wechselwirkung erhöht die Spannung pro CH_2-Gruppe in Cyclooctan auf 1,25 kcal.

35.1. Cyclononan

Die Konformation des Cyclononans wurde an einem monosubstituierten Derivat, Cyclononylamin, bestimmt. Aus der experimentell gefundenen Dichte kann man schließen, daß die Elementarzelle 8 Molekeln enthält. Da die Raumgruppe nur eine vierfache Multiplizität aufweist, muß der asymmetrische Teil der Elementarzelle zwei unabhängige Molekeln enthalten. Das Überraschende Ergebnis der Strukturbestimmung, welche zu der folgenden Darstellung geführt hat, war die Tatsache, daß in der Elementarzelle zwei verschiedene konformere Cyclononylammonium-Ionen vorkommen. Die Ähnlichkeit der Kohlenstoffgerüste in beiden Konformeren *A* und *B* tritt am besten beim Vergleich der Torsionswinkel

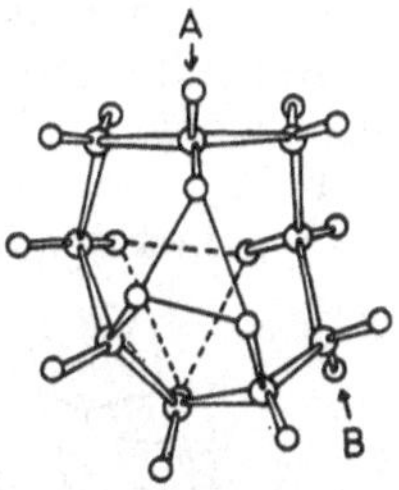

Konformation des Cyclononylamin-hydrobromids

hervor:

A −73, −65, +67, +48, −94, +86, −104, +43, +84
B −61, −81, +78, +45, −95, +95, −104, +26, +90

Die Ammonium-Reste, deren Lage mit Pfeilen bezeichnet sind, liegen dagegen in beiden Konformeren in einer vollständig verschiedenen Umgebung. Obwohl die meisten partiellen Konformationen im Cyclononan gestaffelt sind, gibt es (darunter 5 von 18) andere. Der 9-Ring weist demnach eine gewisse PITZER-Spannung auf. Die (C—C—C)-Valenzwinkel sind bedeutend größer als die Tetraederwinkel, ihr Mittelwert beträgt 117°; die BAEYER-Spannung trägt demnach ebenfalls zur Gesamtspannung des 9-Ringes bei.

Als energieärmste Konformation des Cyclononans könnte damit die folgende vereinfachte Darstellung gelten:

35.2. Cyclodecan

weist die nachstehende Konformation auf. Obwohl die untersuchte Molekel und ihre Umgebung zentrosymmetrisch ist, besitzt das Kohlenstoffgerüst des Cyclodecans selbst eine zweizählige Drehachse und senkrecht dazu eine Spiegelebene. Die Torsionswinkel sind nahezu 60° und 155°. Die Molekel weist also praktisch keine PITZER-Spannung auf. Einige Kohlenstoff-Valenzwinkel sind dagegen bedeutend größer als der Tetraeder-Winkel, was auf eine merkliche BAEYER-Spannung hinweist.

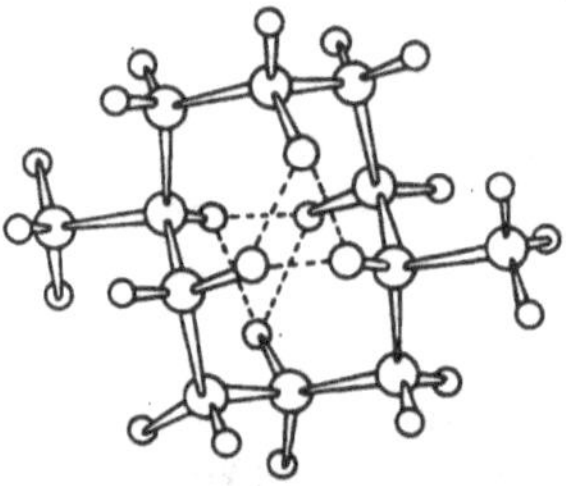

Konformation des 1,6-Diamino-cyclodecan-dihydrochlorids

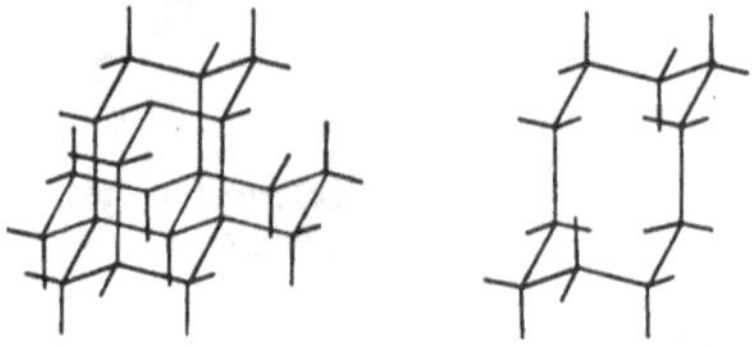

Idealisiertes Modell des Cyclodecans aus dem Diamant-Gitter

Für das Cyclodecan kann man leicht ein idealisiertes Modell aus dem Diamant-Gitter herausschälen.

35.3. Cyclododecan

Bei Cyclododecan haben die strukturanalytischen Untersuchungen ergeben, daß die Atomverteilung einer Überlagerung von zwei Molekeln entspricht, die durch Spiegelung an statistisch verteilten Ebenen ineinander übergehen. Aus energetischen Gründen ist abzuleiten, daß Cyclododecan die folgende Konformation besitzt, da hierbei von zwölf partiellen Konformationen vier anti-periplanar, und die übrigen acht syn-klinal sind.

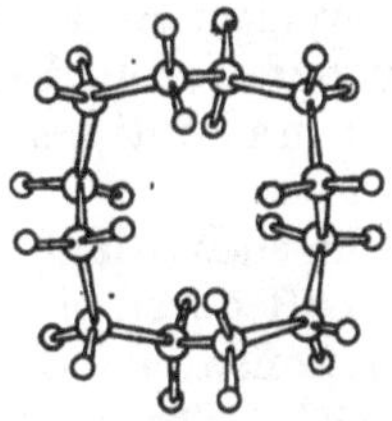

Konformation des Cyclododecans

Da die syn-clinalen Konformationen der Methylengruppen um 2 bis 3 kcal/Mol stabiler sind, als z. B. die anticlinalen, kann man vorhersagen, daß die voranstehenden Konformationen die stabilere sind.

36. Große Kohlenstoffringe

Während die mittleren Ringe in ihren physikalischen und chemischen Eigenschaften eine Sonderstellung einnehmen, zeigen die großen Ringe das zu erwartende normale Verhalten. Die großen Ringe unterscheiden sich in ihrem chemischen Verhalten kaum von den analogen *n*-Paraffinen. Aus der Röntgenstrukturanalyse folgt, daß die C-Atome in großen Ringen mit mehr als 20-C-Atomen unter Beibehaltung des normalen Tetraederwinkels in zwei fast parallelen, zickzackförmigen C-Ketten angeordnet sind.

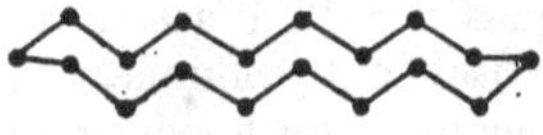

Was ergibt sich aus dem bisher gesagten für die räumliche Lage der Substituenten in mittleren Ringen:

Die röntgenographischen Untersuchungen haben den Beweis erbracht, daß bei Ringen $n > 8$ syn-periplanare und anticlinale Konformationen nicht vorkommen. Man findet Torsionswinkel von wenigstens 30° und höchstens 100°. D. h., man kann sich auf Modelle beschränken, die aus gestaffelten syn-clinalen und anti-periplanaren Konformationen aufgebaut sind.

Den Typus eines tetraedrischen Ringgliedes in diesen Modellen kann man vorteilhaft durch eine der vier möglichen partiellen Konformationen, die fünf Ringglieder umfassen, beschreiben. Die seltener vorkommenden Konformationen *II* und *III* sind charakteristisch für mittlere Ringe mit $n = 9$, 10 und 12.

Beim Cyclooctan, das im wesentlichen aus Ringgliedern vom Typ *I* besteht, ist für die Substituenten die Situation ähnlich wie bei derjenigen des Cyclohexans, nur daß die Torsionswinkel und damit auch die C—C—C-Valenzwinkel von den optimalen Werten abweichen und dadurch die PITZER-Spannung und die größere transannulare Wechselwirkung entsteht.

Bei Cyclononan und Cyclodecan sind die Verhältnisse komplizierter, in dem sowohl die Ringglieder einem verschiedenen Typ angehören, als auch die Lagen der Was-

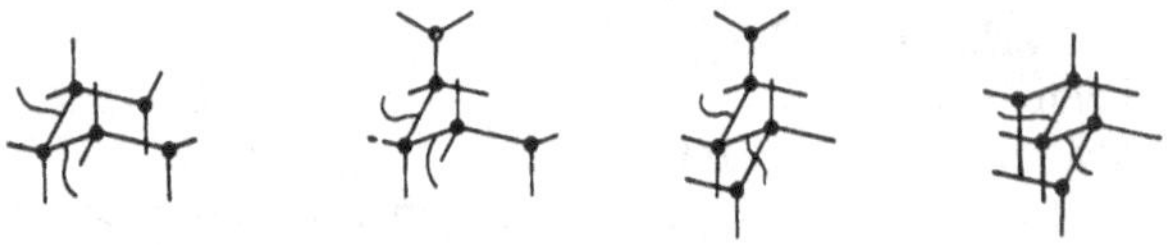

I II III IV

serstoffe an Gliedern gleichen Typs infolge *trans*-annularer Wechselwirkungen verschieden sein können. Genau genommen ist keines der 18 Wasserstoffatome im vollkommen asymmetrischen Cyclononan mit einem anderen äquivalent, aber auch im hochsymmetrischen Cyclodecan gibt es noch immer 6 nichtäquivalente Lagen. Im Cyclononan und Cyclodecan haben je 6 Wasserstoffatome eine Lage durch die Verbindungslinie gekennzeichnet, die sich durch besonders kleine transannulare Abstände auszeichnet. Diese Wasserstoffe bezeichnen wir als intraannular und alle anderen als extraannular.

Für substituierte mittlere Ringe kann man daher über die Lage der Substituenten folgendes aussagen:

1. Im Cyclononan und Cyclodecan ist die extraannulare Lage die bevorzugte,

2. die intra-annularen Wasserstoffe können nicht durch größere Substituenten ersetzt werden, ohne daß dabei die energetisch günstige Konformation des Ringes wesentlich geändert wird.

3. Der Ersatz eines tetraedrischen Ringgliedes durch ein trigonales ergibt eine starke Abnahme der Spannung, wenn es sich um ein Ringlied mit einem intraannularen Wasserstoff handelt.

37. Kondensierte Ringsysteme

Denkt man sich zwei Cyclohexanmolekeln so aneinandergelegt, daß sie zwei C-Atome gemeinsam haben, so resultiert der Kohlenwasserstoff Decalin. An diesem System hat Hückel überzeugend die nicht ebene Struktur des Cyclohexanrings demonstriert, indem er die Existenz zweier geometrischer Isomere des Dekalins nachwies die sich durch eine unterschiedliche Ringverknüpfung voneinander unterscheiden.

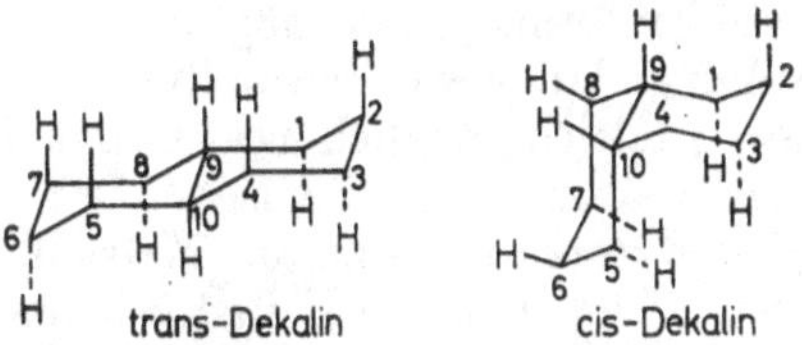

trans-Dekalin cis-Dekalin

Die nachfolgende Tabelle zeigt einige physikalische Daten der beiden Isomeren.

	trans	*cis*
Schmelzpunkt	−31,3	−43,3
Siedepunkt	185,4°	194,6°
Dichte	0,871	0,898
Verbrennungswärme	1500,3	1502,4

Der Wert der Verbrennungswärme für das *cis*-Dekalin liegt höher, während *trans*-Dekalin in seiner Stabilität durch 1:3-H-Effekte beeinträchtigt wird. Zählt man am Modell die syn-clinalen Konformationen, so kommt man beim *cis*-Isomeren auf drei, während beim *trans*-Dekalin keine vorhanden sind. Damit müßte das *trans*-Dekalin um $3 \times 0{,}9$ kcal $= 2{,}7$ kcal/Mol energieärmer sein, was mit den experimentell ermittelten Werten sehr gut übereinstimmt.

Das *trans*-Dekalin besitzt eine zweizählige Drehachse (durch die Mitte der Bindungen C-2—C-3, C-9—C-10 und C-6—C-7) und eine dazu senkrechte Spiegelebene (axiale Bindungen am C-9—C-10). Das Symmetriezentrum verläuft in der Mitte der C-9—C-10-Bindung. Das bedeutet für das *trans*-Dekalin, daß es keine optischen Antipoden dieses Moleküls geben kann. Das Modell des *cis*-Dekalins weist jedoch auf eine Dissymmetrie hin, denn es enthält lediglich eine zweizählige Drehachse.

Da beim *trans*-Dekalin nicht die Möglichkeit besteht, beide Ringe über äquatoriale Bindungen miteinander zu verknüpfen, hat man beim *cis*-Dekalin die Möglichkeit, durch Konformationsänderungen das Molekelmodell in sein Spiegelbild zu überführen. Beim *cis*-Dekalin sind also zwei Sesselkonformationen möglich, allerdings mit der Einschränkung, daß diese Umwandlung nur immer an beiden Sesseln zugleich möglich ist. Damit bildet das *cis*-Dekalin ein racemisches Gemisch. Der Nachweis, daß von *cis*- und *trans*-Dekalin die Molekel des einen Isomeren zwei leicht ineinander übergehende Konformationen einnehmen kann, konnte durch *KMR*-Untersuchungen erbracht werden.

38. Polycyklische Ringsysteme

Fügt man an das bisher diskutierte Dekalin-System einen weiteren Cyclohexan-Ring an, so kommt man zu einem Ringsystem, das in einer Reihe von Alkaloiden und Steroiden anzutreffen ist, das Perhydrophenanthren-System. Die möglichen Formen sind in der Reihenfolge ihrer heute bekannten Stabilität aufgeführt:

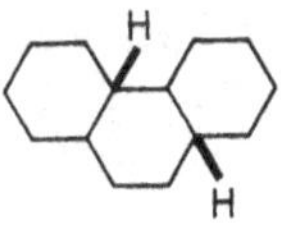
trans-transoid-trans

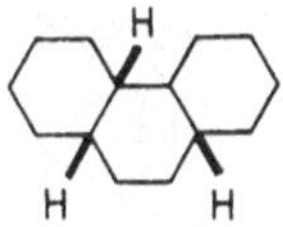
cis-transoid-trans

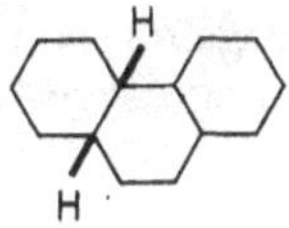
cis-transoid-cis

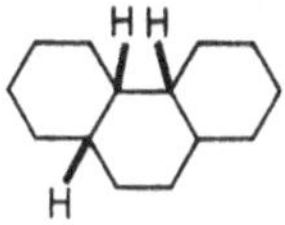
cis-cisoid-trans

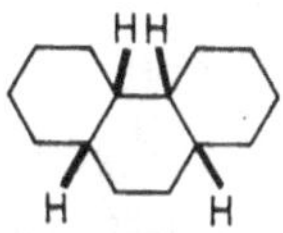
cis-cisoid-cis

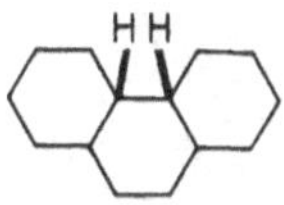
trans-cisoid-trans

Die Präfixe *cis* und *trans* beziehen sich auf die Geometrie der Ringverknüpfung je zweier Ringe, während mit transoid und/oder cisoid die relativen Konfigurationen an den Brücken-C-Atomen benannt werden. Die Nomenklatur derartiger polycyklischer Verbindungen wird nach folgenden Konventionen vorgenommen:

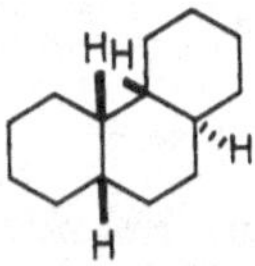
cis-cisoid-trans-Perhydrophenanthren

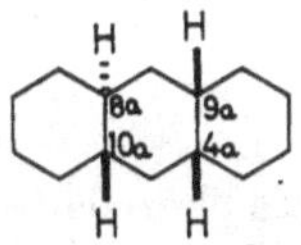
cis-cisoid-4a,10a-trans-Perhydroanthracen

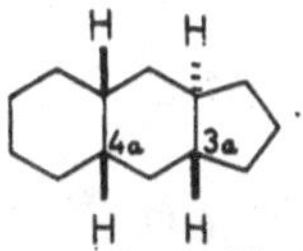
trans-3a-cisoid-3a,4a-cis-4a-Perhydrobenz(f)-inden

Zunächst wird die Ringverknüpfung der Ringe mit der niedrigsten Bezifferung mit *cis* oder *trans* vorgenommen. Dann erfolgt die Konfigurationszuordnung an den Brücken-C-Atomen, die die niedrigste Bezifferung besitzen und schließlich die *cis*- oder *trans*-Zuordnung der letzten Verknüpfungsstelle.

Derartige Ringsysteme kommen in veränderter Kombination vor allem in Steroiden vor. Die meisten Steroide enthalten drei sechsgliedrige Ringe, an die *trans*-ständig ein fünfgliedriger Ring kondensiert ist. Die beiden häufigsten Konfigurationen sind in der folgenden Abbildung dargestellt.

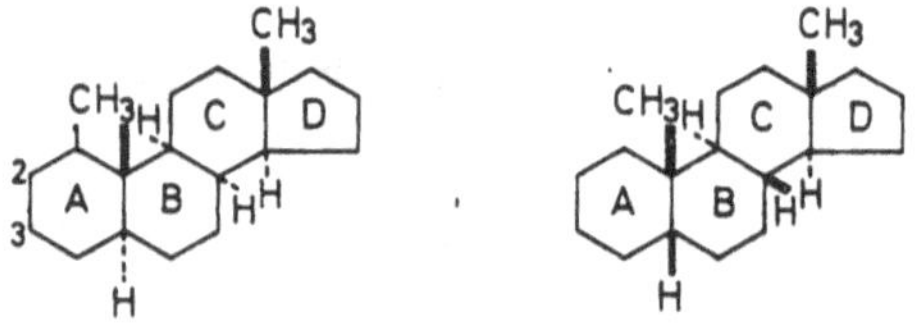

Vorausgesetzt, daß die drei sechsgliedrigen Ringe in beiden Fällen die bevorzugte Dreisessel-Konformation einnehmen, können die beiden Formen in dreidimensionaler Schreibweise wie folgt wiedergegeben werden:

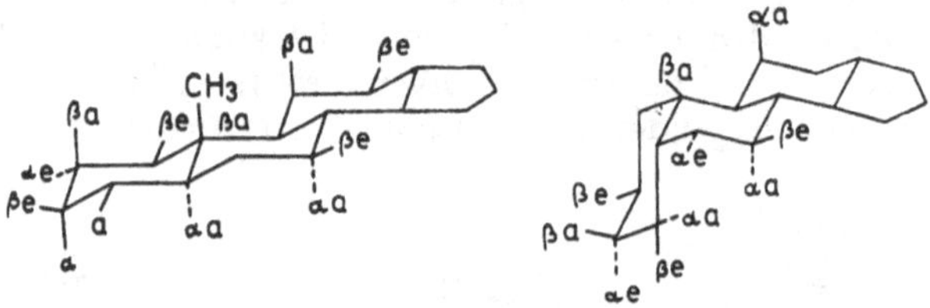

In der Steroidchemie bezeichnet man die Substituenten, die auf der gleichen Seite des Moleküls wie die beiden Methylgruppen stehen, als β und diejenigen, die auf der gegenüberliegenden Seite stehen, als α-ständig. An das Steroidgerüst gebundene Substituenten haben also entweder eine α- oder eine β-Konfiguration; die jeweilige Anordnung der Substituenten kann mit den klassischen Methoden der Stereochemie abgeleitet werden. Von zentraler Bedeutung für die Stereochemie der Steroidverbindungen ist die Tatsache, daß die besondere Art der Ringverknüpfung im Steroidgerüst die Konformation des gesamten Moleküls eindeutig festlegt; ein

Substituent hat also eine definierte Konfiguration (α oder β) und Konformation (axial oder äquatorial). Da an einem gegebenen Kohlenstoffatom des Steroidsystems ein Substituent in äquatorialer Anordnung stabiler als in axialer sein wird, folgt, daß man bei einem Isomerenpaar die stabilere Konfiguration unmittelbar vorhersagen kann. Beispielsweise sollte ein 3β-substituiertes (= äquatoriales) *trans-A/B*-Steroid stabiler sein als die entsprechende 3α substituierte (axiale) Verbindung, was durch das Experiment bestätigt wird.

Die relative Stabilität wird auch und gerade bei den polycyclischen Ringsystemen durch sterische Wechselwirkungen bestimmt. Aus diesem Grunde kann man nicht nur vorhersagen, welches Isomere (α oder β) bei einer chemischen Reaktion entsteht, die aus mechanistischen Gründen das stabilere Produkt ergibt, sondern man kann auch ganz allgemein Reaktionen, deren Verlauf durch sterische Wechselwirkungen bestimmt wird, besser verstehen. Jede chemische Reaktion verläuft über einen Übergangszustand; seine Geometrie ist in vielen Fällen genau festgelegt. Die bevorzugte geometrische Anordnung einer E_2-Eliminierung, bei der zwei an benachbarten C-Atomen stehende Substituenten durch den Angriff eines Reagens gleichzeitig eliminiert werden, ist diejenige, in der sich die beiden C-Atome und die beiden Substituenten X und Y in einer Ebene befinden. Es sind jedoch zwei Anordnungen möglich: entweder stehen die Substituenten wie in A oder wie in B.

A B

Die Form *B* ist nicht ohne Verzerrung der Sesselkonformation zu erreichen. So kann z. B. eine 1.2 diaxial substituierte Verbindung, nicht aber eine *trans*-1.2-diäquatoriale substituierte Verbindung die Form *A* erreichen. Besonders deutlich wird dies, wenn man entlang der Achse C-5—C-6 erblickt:

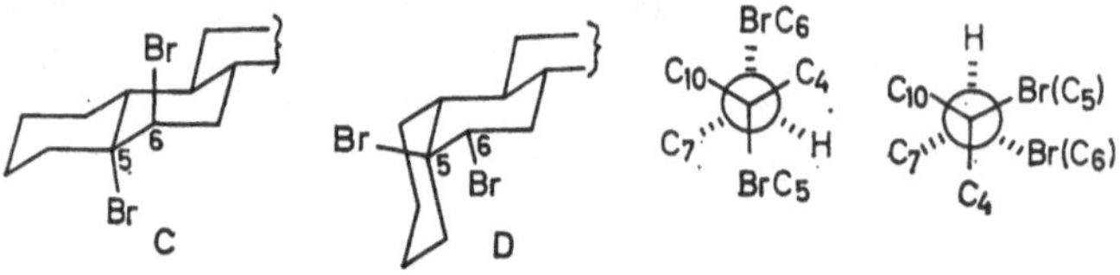

Die Projektionen dieser beiden Isomere zeigen deutlich, daß die bimolekulare E_2-Eliminierung der beiden Bromatome durch Jodionen beim Dibromid *C* schneller verlaufen sollte als beim Dibromid *D*. In Übereinstimmung mit der Vorhersage ist die Eliminierungsgeschwindigkeit des Dibromids *C* mehrere Zehnerpotenzen größer als die des Dibromids *D*. Dies war das erste Beispiel für ein Phänomen, das man später recht häufig bei Dibromiden sowie bei vielen anderen Verbindungen mit eliminierbaren Funktionen an Gruppen beobachtet hat.

Diese Überlegungen gelten aber auch für 1.2-diaxiale Umlagerungen, z. B. Meerwein-Wagner-Umlagerungen. In Cyclohexan-Systemen verlaufen derartige Umlagerungen, wenn sie keine Änderung des Ringsystems einschließen, tatsächlich nur dann, wenn diese Forderung erfüllt ist. Als ein Beispiel einer solchen 1.2-diaxialen Umlagerung ist die Umwandlung eines Derivats aus der Ergosterinreihe anzusehen, wenn man diese Verbindung mit Phosphoroxychlorid und Pyridin versetzt.

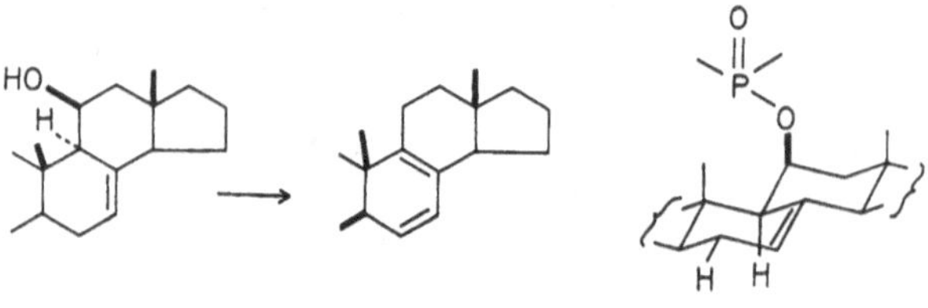

Nach der Bildung des Phosphorsäureesters wird eine coplanare Anordnung sowohl der zu eliminierenden als auch der wandernden Gruppe erreicht. Nach der Eliminierung des O-*R*-Restes entsteht am dortigen C— eine positive Ladung, die durch die 1.2-diaxiale Wanderung wieder kompensiert wird. Schließlich erfolgt eine Wanderung der Doppelbindung, um das Elektronendefizit wieder auszugleichen.

Noch beeindruckender ist das folgende Beispiel, das eindeutig zeigt, welchen Einfluß die coplanare Lage des Übergangszustandes und damit die Konformation auf den Reaktionsverlauf besitzt. Die zwei epimeren 17-Amino-*D*-homosteroide werden beim Versetzen mit wäßriger HNO_3 einmal zu normalen Steroiden umgewandelt, während das andere Epimere eine Ringkontraktion erfährt. Das 17-β-Epimere, in dem sowohl die 17α-Methylgruppe und auch die 17-Aminogruppe axial angeordnet sind, unterliegen einer WAGNER-MEERWEIN-Umlagerung, zu dem 17β-Methylketon. Das Epimere mit einer äquatorialen Aminogruppe erreicht dagegen keinen coplanaren Übergangszustand zwischen den an der Reaktion beteiligten Zentren und erleidet daher, da keine C—C-Bindung den 1.2-shift übernimmt, eine Ringkontraktion:

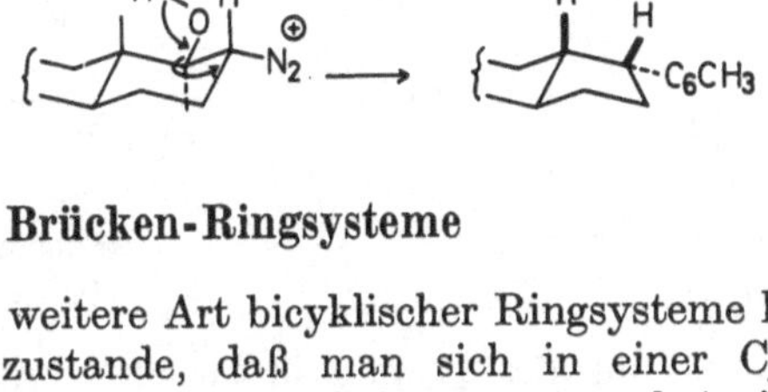

39. Brücken-Ringsysteme

Eine weitere Art bicyklischer Ringsysteme kommt dadurch zustande, daß man sich in einer Cyclohexanmolekel zwischen den C-Atomen 1 und 4 eine Brücke geschlagen denkt. Das Bicyclo[2,2,1]heptan bildet das Grundgerüst einer Reihe von Terpenen.

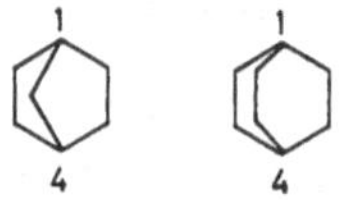

Im Gegensatz zu den spannungsfreien kondensierten Ringsystemen, spielt bei den Brückensystemen die Ringspannung eine entscheidende Rolle. Im Gegensatz zu den Cyclohexanen ist hier die Wannenform gegenüber der Sesselform begünstigt, denn nur in dieser Form kann z. B. im Bicyclo[2.2.1]heptan eine Brücke zwischen dem C-1 und dem C-4 gebildet werden.

Bicyclo[2.2.1]heptan Bicyclo[2.2.2]octan

Zu dieser Bildung sind die *cis*-Bindungen erforderlich, und so ist verständlich, daß sich die Äthylenbrücke noch völlig spannungsfrei einbauen läßt, während das Bicyclo[2.2.1]heptan eine Spannungsenergie von 9 kcal/Mol, die durch das Zusammenbiegen der beiden von den C-Atomen ausgehenden Bindungen in der Wannenform des Cyclohexans bedingt ist, besitzt.

Erwähnenswert ist in diesem Zusammenhang das Bicyclo[3.3.1]nonan, das in seiner heteroanalogen Form im Tropin, Tropan und Pseudotropin vorliegt.

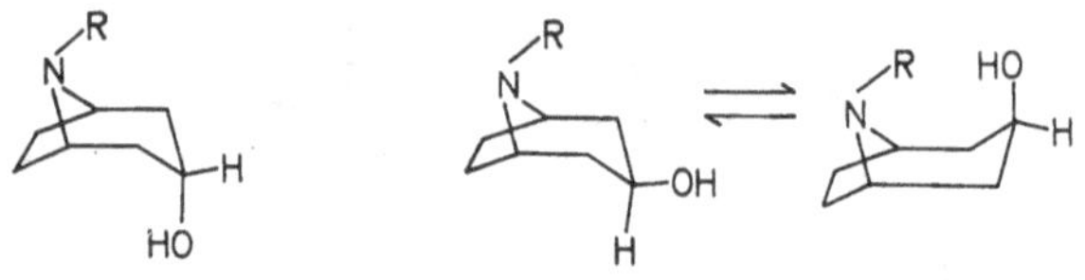

Tropin $R=CH_3$
Nortropin $R=H$

Pseudotropin
$R=CH_3$

Die Umwandlung des Tropins in Pseudotropin durch Erhitzen mit Natriummethylat, die schwere Verseifbarkeit der Ester des Tropins im Vergleich zu der von Pseudotropinestern und das Verhalten des Tropinons gegenüber Reduktionsmitteln weist darauf hin, daß die Hydroxy-Gruppe im Pseudotropin als dem thermodynamisch stabileren Isomeren äquatorial, im Tropin dagegen axial angeordnet ist. Eine äquatoriale und zugleich zum Stickstoffatom *cis*-ständige Hydroxy-Gruppe im Tropin sind aber nur möglich, wenn der Piperidin-Ring bei beiden Aminoalkoholen in der Sesselform vorliegt.

Da man andererseits aus dem *nor*-Pseudotropin ein 1.3-Oxazin-derivat darstellen kann, und beim Benzoylnorpseudotropin durch spektroskopische Untersuchungen eine Wanderung des Benzoylrestes zwischen dem Sauerstoff und dem Stickstoff festgestellt hat, kann die Wannenform bei Tropanderivaten gegenüber der Sesselkonformation nicht wesentlich benachteiligt sein.

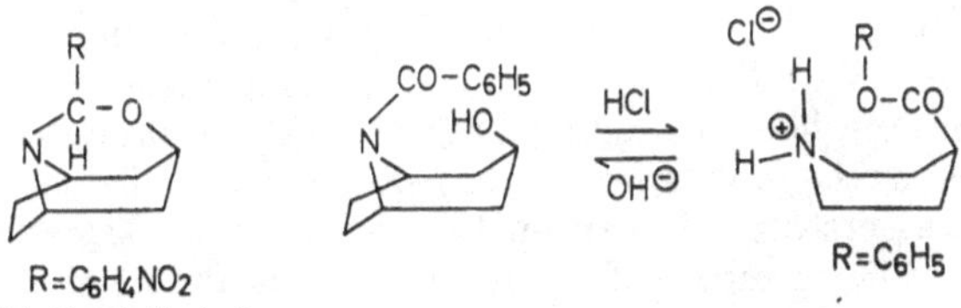

1.3-Oxazin Derivat

Hiermit stimmt auch wiederum überein, daß beim Nortropin keine Wanderung festgestellt worden ist und das Dihydroxytropan in ein Urethan umwandelbar ist.

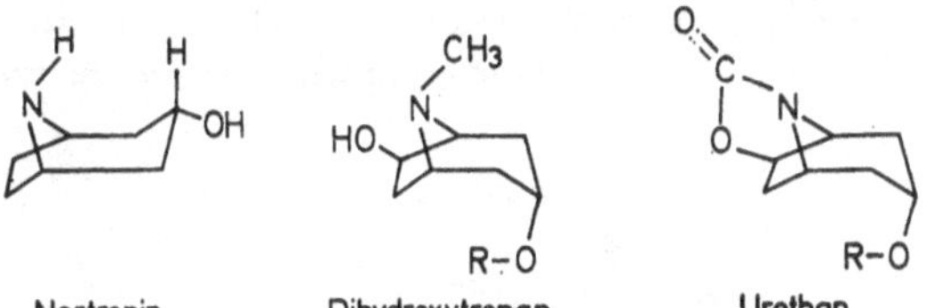

Nortropin Dihydroxytropan Urethan

Der nächste homologe Vertreter wäre das Bicyclo-[3.3.1]nonan, für das man die folgende Struktur ableiten kann. Allerdings fällt auf, das die beiden eingezeichneten

Wasserstoffatome nur eine Entfernung von 1 Å voneinander haben, so daß ganz sicher dieses Modell nicht den Tatsachen entsprechen kann. Überträgt man diese Vorstellungen auf das Pseudopelleterin, so kann man durch den Austausch der einen Methylengruppe gegen ein Sauerstoffatom reguläre Sesselkonformationen erwarten:

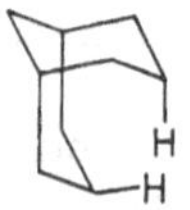

Bicyclo[3.3.1]nonan

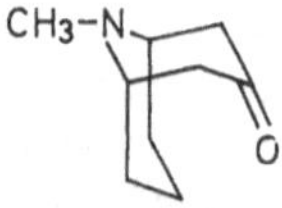

Pseudopelletierin

40. Diamantoide Ringsysteme

Überbrückt man in dem Bicyclo[3.3.1]nonan die C-Atome 3 und 7 durch eine Methylenbrücke, so erhält man eine hochsymmetrische Struktur mit drei zweizähligen Drehachsen sowie sechs Spiegelebenen. Dieser Kohlenwasserstoff Adamantan besteht aus vier Sechsringen, die völlig spannungsfrei und gleichartig fixiert sind. Der hochsymmetrische Bau bedingt eine optimale Annäherung der Molekelform an die Kugelgestalt und bestimmt zugleich die physikalischen und chemischen Eigenschaften der diamantoiden Verbindungen. Von den zahlreichen heterocyklischen Verbindungen mit analogem Aufbau ist als bekanntes das Hexamethylentetramin zu nennen, das als 1.3.5.7-Tetraaza-adamantan bezeichnet wird.

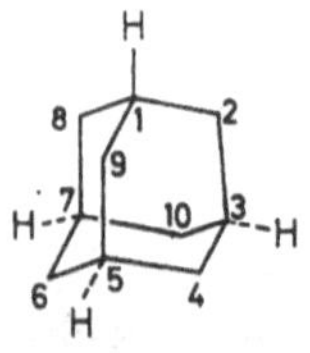

Adamantan

Urotropin

Die Bezeichnung Twistan für Tricyclo[4.4.0.0]decan leitet sich davon ab, daß sich der Kohlenwasserstoff ausschließlich aus Cyclohexanringen in der *twist*-Form zusammensetzt. Im Gegensatz zum Adamantan ist das Gerüst nicht völlig frei von Winkelspannungen.

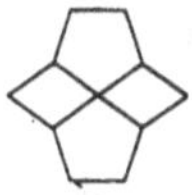

Twistan

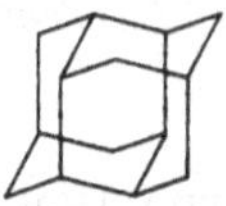

Congressan

Schließlich gelang es einen Kohlenwasserstoff Congressan zu synthetisieren, dessen Kohlenstoffgerüst einen größeren Ausschnitt aus dem Diamantgitter darstellt.

Für alle diese Ringsysteme gilt die BREDTsche Regel, die aussagt, daß von einem Brückenkopf-C-Atom niemals eine Doppelbindung ausgehen kann, da die dadurch entstehenden Verbindungen infolge zu hoher Ringspannung nicht existenzfähig sind. Eine Erklärung für die Nichtexistenz derartiger Verbindungen läßt sich mit der Orbitaltheorie geben. Betrachtet man unter diesem Gesichtspunkt das Modell des Bicyclo[2.2.2]octans, so ist klar zu erkennen, daß die Verzweigungsatome eine räumlich gewinkelte Anordnung der Bindungen erfordern, und somit die Ausbildung einer Doppelbindung unmöglich ist.

41. Geometrische Isomerie

Diastereomerie kann bei Olefinen vom Typ:

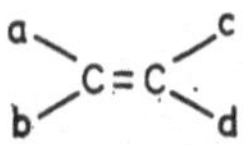

wo $a \neq b$ und $c \neq d$ sowie in cyklischen Verbindungen, in denen zwei oder mehr Ringglieder ungleiche Substituenten tragen, auftreten:

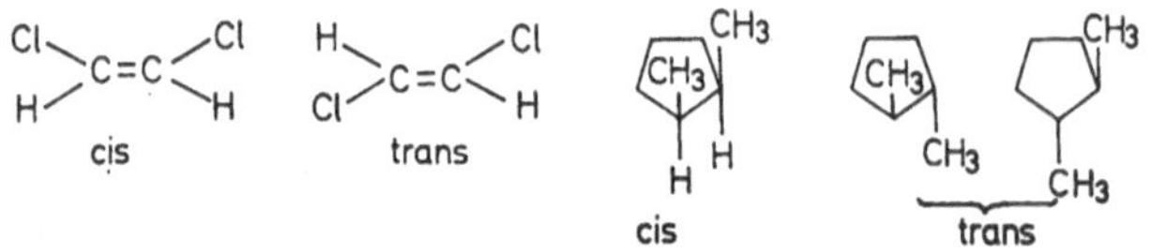

Diese Art von Isomerie wird manchmal *cis-trans*-Isomerie oder „geometrische Isomerie“ genannt, um sie von der „optischen Isomerie“ zu unterscheiden.

Die *cis*- und *trans*-Formen des 2-Butens sind z. B. achirale Diastereomere. Bei Raumtemperatur haben die meisten Moleküle dieser Art ebene oder nahezu ebene Konformationen. Isomere, die durch Drehung um eine Doppelbindung ineinander umgewandelt werden können, bezeichnete man bisher allgemein als geometrische oder als *cis-trans*-Isomere. Solche Bindungen mit behinderter Drehbarkeit können in geometrischen Isomeren ebenso wie in Konformationsisomeren zwischen gleichen oder verschiedenen Atomen bestehen.

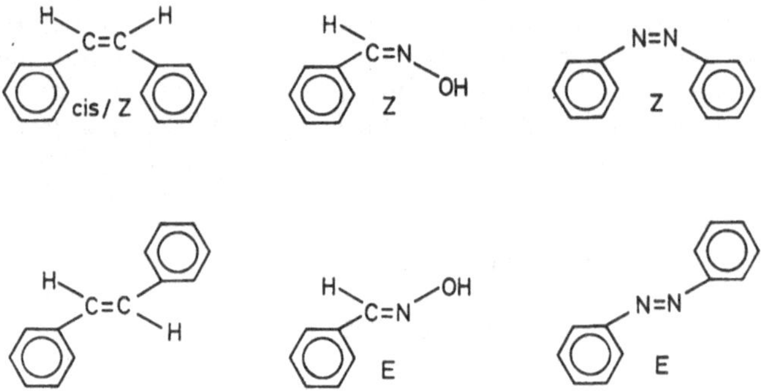

trans / E Stilben Benzaldoxim Azobenzol

Doppelt gebundener Stickstoff ruft damit eine ähnliche Isomerie hervor wie doppelt gebundener Kohlenstoff. Die bekanntesten Beispiele sind in der folgenden Übersicht zusammengestellt:

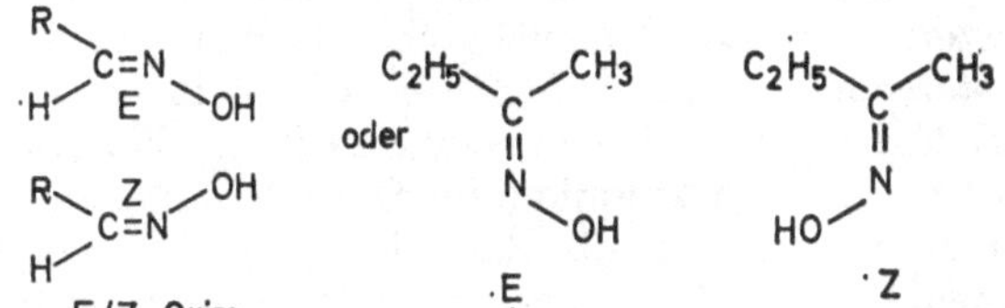

E/Z Oxim

Geometrische Isomere können ihrerseits sowohl als Enantiomere auftreten oder *meso*-Formen sein. In 1.2-Dimethylcyclopentanen beispielsweise ist das *cis*-Isomere eine *meso*-Form, während das *trans*-Isomere als Enantiomeren-Paar existiert. Dieses Cycloalkan zeigt somit sowohl Diastereomerie (zwischen den *cis*- und *trans*-Formen) als auch Enantiomerie zwischen den spiegelbildlichen *trans*-Formen).

Beschäftigen wir uns nun aber mit der Stereochemie der Olefine. Olefine vom Typ *ab*C=C*ab* existieren in Stereoisomeren. Die notwendige und hinreichende Bedingung für das Auftreten stereoisomerer Verbindungen ist dabei das $a \neq b$.

Beispiel:

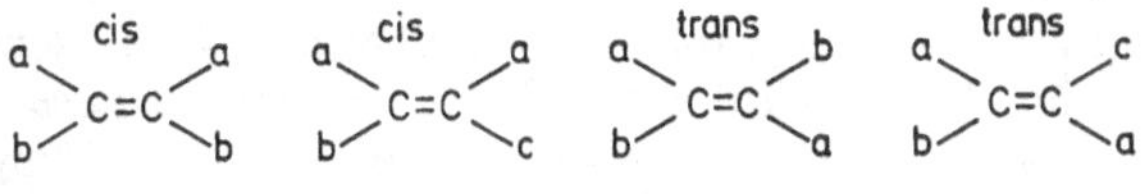

Wenn alle Gruppen in der Verbindung *ab*C=C*ab* in einer Ebene liegen, ist diese Ebene, die zumeist die Doppelbindung ist, eine Symmetrieebene und damit zeigen „geometrische Isomere“ normalerweise keine optische Aktivität, es sei denn, daß *a* und/oder *b* chirale Gruppen sind. Die beiden möglichen Anordnungen *cis* und/oder *trans* beziehen sich hier auf die Anordnungen von gleichen Substituenten in den Diastereoisomeren, die bisher als geometrische Isomere bezeichnet worden sind. Diese Definition sollte aber vermieden werden. Die „geometrischen Isomeren" erfüllen die Bedingungen der Diastereoisomerie. Geometrische Isomere sind daher Diastereomere. Auch für die allgemeinere Struktur *ab*C=C*cd* ergeben sich nur zwei Isomere. Bei Anwesenheit von *n* nichtkumulierten Doppelbindungen erhöht sich im allgemeinen die Zahl der möglichen Diastereoisomeren auf 2^n, außer in Sonderfällen wie z. B. $CH_3-CH=CH-CH=CH-CH_3$, wo wegen der identischen Substituenten der zwei Doppelbindungen die Zahl der Stereoisomeren reduziert ist. Im Fall des 2.4-Hexadiens ergeben sich drei Diastereoisomere mit *cis-cis-*, *cis-trans-* und *trans-trans-*Anordnung der Doppelbindungen. Die vierte Möglichkeit, die *trans-cis-* ist identisch mit der des *cis-trans-*Isomeren.

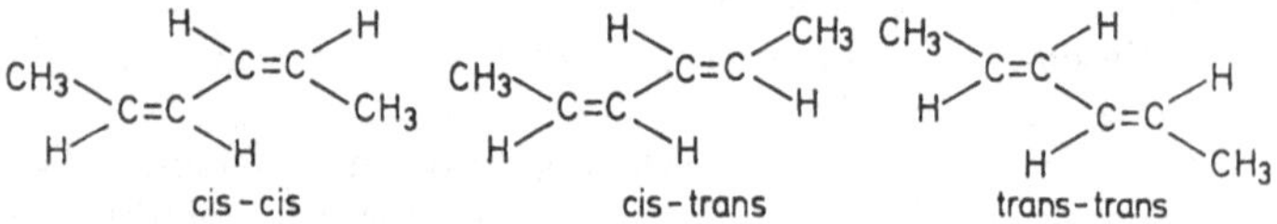

Die „geometrischen Isomeren" erfüllen die Bedingungen der Diastereoisomerie. Geometrische Isomere sind daher Diastereomere.

Aus den voranstehenden Beispielen wird deutlich, wie problematisch die Zuordnung *cis* und/oder *trans* ist. Die Anwendung der Ausdrücke *cis* und *trans* auf Gruppenanordnungen um ein Atompaar *XY* an einer Doppelbindung oder in einem Ring hat sich durch Tradition, und deshalb regellos entwickelt, insofern als niemals allgemein verbindlich vorgeschrieben wurde, auf welchen Substituenten des Paares ab in *X-ab* bzw. *cd* in *Ycd* sich die Bezeichnung *cis* und *trans* in der ganzen Anordnung *abX*=*Ycd* beziehen soll. So wurde der Präfix *cis* und *trans* für die Beschreibung der relativen Position von Atomen oder Gruppen an einer nicht endständigen Doppelbindung, einer Kette oder eines Ringes genutzt, hier allerdings mit der Einschränkung, daß dieser Ring planar sein mußte. Es gab aber bisher z. B. keine klare Vorstellung über die Zuordnung *cis/trans* an einer Doppelbindung, die eine Kette zu einem Ring schließt.

Wie ist nunmehr unter Berücksichtigung des bisher gesagten *cis* und *trans* zu definieren?

Atome oder Gruppen werden als *cis*- oder *trans*-ständig bezeichnet, wenn sich diese Atome oder Gruppen auf der gleichen oder entgegengesetzten Seite einer Referenzebene befinden, die in möglichen Stereoisomeren die gleiche sein muß.

Für Verbindungen, die nur doppelt gebundene Atome in der Referenzebene besitzen, ist die Doppelbindung eindeutig die Referenzebene, die sich senkrecht zu der Ebene befindet, in der sich die Atome oder Gruppen befinden.

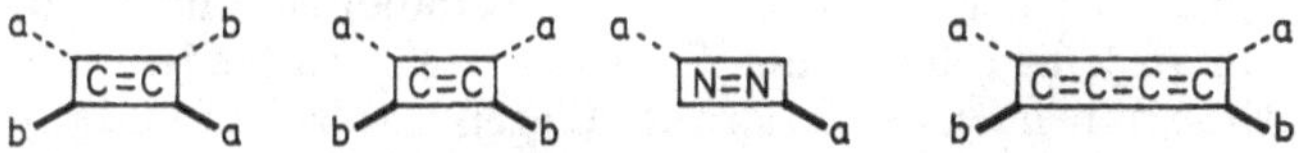

trans cis trans cis

Die Rechtecke bezeichnen hier die Referenzebene und werden als in der Papierebene liegend betrachtet. Die Gruppen oder Atome *a*, *a* sind die Atome, die für die Zuordnung ausgewählt sind und müssen nicht identisch sein. Die Atome *b* sind ebenfalls nicht notwendigerweise identisch, müssen aber verschieden von *a*, *a* sein.

In cyklischen Systemen ist die Referenzebene das Ringsystem bzw. die Fläche in der das Ringsystem liegt.

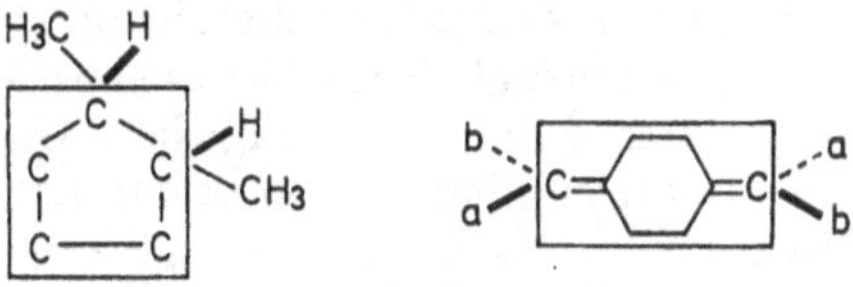

cis trans

Normalerweise werden die Formeln so gezeichnet, daß die Referenzebene in der Papierebene liegt. Für doppelt gebundene Atome ist es dagegen üblich, die Formeln so zu zeichnen, daß diese Ebene senkrecht zur Papierebene steht und die daran haftenden Atome oder Gruppen dann in der Papierebene liegen:

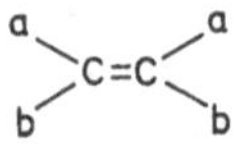

cis

Für die Olefine vom Typ (*ab*)C=C(*cd*) wurde ein allgemeines Nomenklatursystem entwickelt. Man wendet hierbei die zur Bezeichnung der Chiralität entwickelten Sequenzregeln an, wonach die Substituenten in einer Prioritäts-Sequenz eingeordnet werden. Nach dieser Vorschrift betrachtet man eine Doppelbindung und sucht nun an jedem der beiden C-Atome nach den beiden Substituenten höchster Priorität. Liegen die beiden gewählten Gruppen auf der entgegengesetzten Seite der Referenzebene, so werden sie als *seq-trans* (nach der Sequenzregel *trans*-ständig) bezeichnet. Da diese Formulierung für die computergerechte Aufbereitung der Literatur zu lang ist, wurde hierfür der Buchstabe *E* (an der Doppelbindung entgegengesetzt) eingeführt. Liegen die beiden gewählten Substituenten auf der gleichen Seite der Referenzebene, so werden sie als *seq-cis* (nach der Sequenzregel *cis*-ständig) bezeichnet und hierfür wurde der Buchstabe *Z* (zusammen auf der gleichen Seite der Referenzebene) eingeführt. Es ist wichtig zu beachten, daß diese Bezeichnungen nach *seq-cis*, *seq-trans* und *E* oder *Z* mit den herkömmlichen Bezeichnungen *cis* und *trans*, bei denen ja lediglich die sterischen Beziehungen von gleichen oder zumindest ähnlichen Gruppen das Hauptinteresse waren, nichts mehr zu tun hat.

Liegen in einem Molekül mehr als eine Doppelbindung vor, so kann nach zwei Methoden vorgegangen werden,

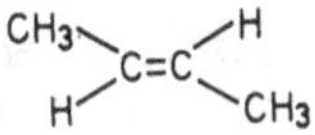

(E)-2-Buten

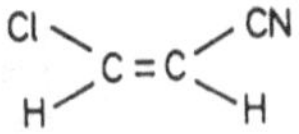

(Z)-3-Chloracrylnitril

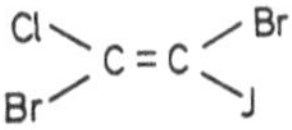

(Z)-1,2-Dibrom-1-Chlor-2-jodäthylen

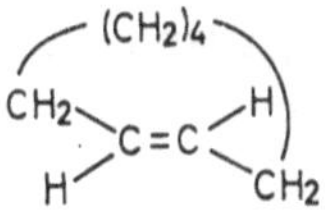

(E)-Cycloocten

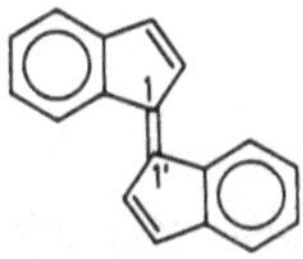

(E)-1,1'-Bisindenyliden

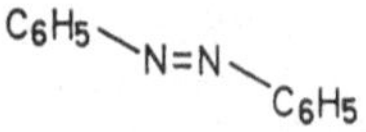

(E)-Azobenzol

die beide richtig bleiben, solange streng nach der Sequenzregel verfahren wird:

1. Der längste Strukturabschnitt einer Molekel wird benannt der Beginn der Doppelbindung mit einer möglichst niedrigen Zahl numeriert und mit den Präfixen *Z* und/oder *E* versehen.

2. Von den hier an einer Doppelbindung haftenden Substituenten oder Gruppierungen wird der nach der Sequenzregel bevorzugte herausgesucht, und mit der *E* und/oder *Z*-Zuordnung vorangestellt. Analog wird mit dem zweiten Paar verfahren. Dann folgt die Benennung der Grundstruktur.

Mit dieser Bezeichnungsweise fällt die syn-, anti- und amphi-Nomenklatur fort.

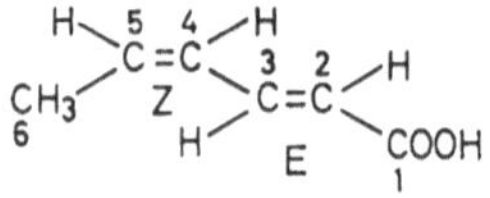

a) (2E,4Z)-2,4-Hexadiensäure
b) (E,Z)-2,4-Hexadiensäure

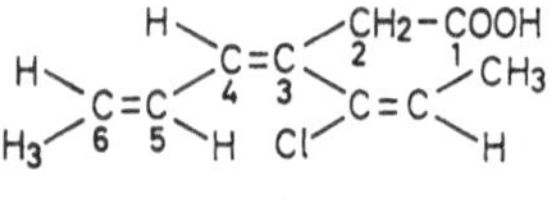

a) 3[(E)-1-Chlorpropenyl]-(3Z,5E)-3,5-heptadiensäure
b) (E,Z,E)-3-(1-Chlorpropenyl)-3,5-heptadiensäure

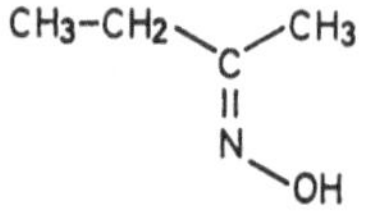

a) Butanon-(E)-oxim
b) (E)-Butanon-oxim

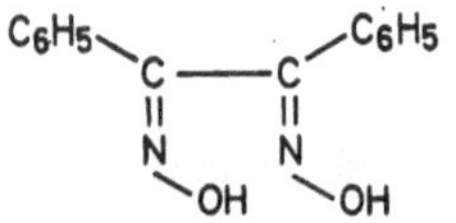

a) Benzil-(Z,E)-dioxim
b) (Z,E)-Benzil-dioxim

Kann auf Grund der Substituenten oder Gruppierungen an den Doppelbindungen keine Zuordnung durchgeführt werden, so wird nach der der Sequenzregel gehorchenden Festlegung *Z* vor *E*, *R* vor *S*, und *cis* vor *trans* eine Einfügung eines Molekülteils in die Kette vorgenommen, unter der Berücksichtigung, daß für die Position der Doppelbindungen eine möglichst niedrige Bezifferung erfolgt:

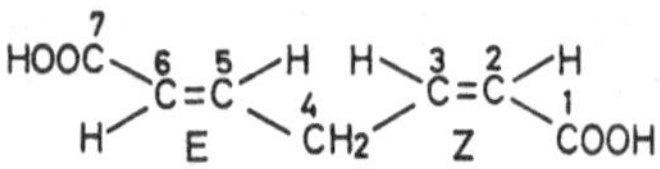

a) (2Z,5E)-2,5-Heptadiensäure
b) (E,Z)-2,5-Heptadiensäure

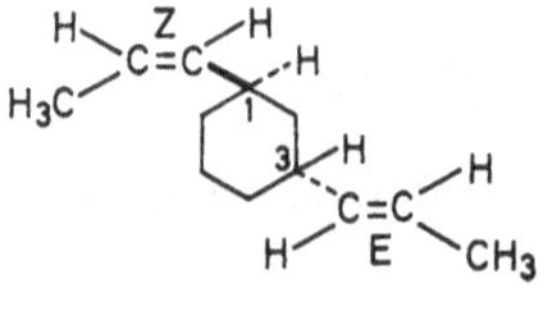

1-(Z)-Propenyl-trans-3-(E)-propenylcyclohexan

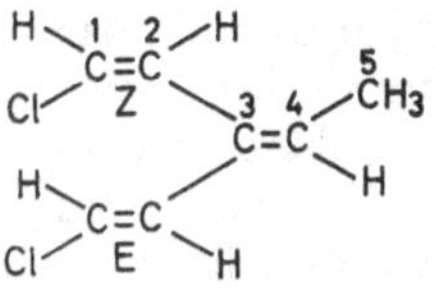

a) 1-Chlor-3-[2-chlor-(E)-vinyl]-(1Z,3Z)-1,3-pentadien

b) (E,Z,Z)-1-Chlor-3-(2-chlorvinyl)-1,3-pentadien

42. Bestimmung der Konfiguration bei Diastereomeren

Die Bestimmung der Konfiguration von *cis-trans*-Isomeren gestaltet sich in der Regel einfacher als die Konfigurationszuordnung von Enantiomeren. Prinzipiell stehen die gleichen Methoden wie bei der Konfigurationszuordnung isomerer ringförmiger Verbindungen zur Verfügung. Ein Verfahren, das häufig verwendet wird, ist die Konfigurationsbestimmung durch Umwandlung in ringförmige Verbindungen oder auch umgekehrt. Das klassische Schulbeispiel für den Konfigurationsbeweis durch Überführung in ein cyklisches Derivat ist das Isomerenpaar Malein- und Fumarsäure. Das *cis*-Isomere zeichnet sich dadurch aus, daß es beim Erwärmen ein cyklisches Anhydrid bildet, welches beim Behandeln mit Wasser wiederum die Säure liefert. Es ist nun bekannt, daß ungesättigte cyklische Verbindungen mit drei bis sechs Ringgliedern nur bei Vorliegen einer *cis*-Doppelbindung existieren können. Um die Substituenten einer *trans*-Doppelbindung zu einem Ring zu schließen, sind minimal fünf zusätzliche Atome erforderlich; mit sechs Brückenatomen (wie z. B. in *trans*-Cycloocten) resultieren stabile, isolierbare Verbindungen.

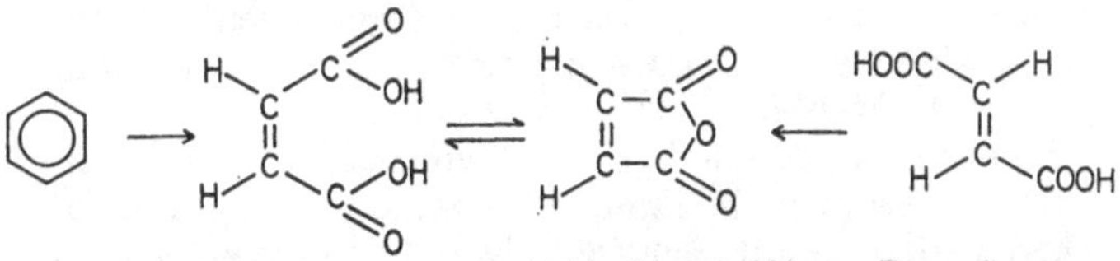

Maleinsäure　　Maleinsäureanhydrid　　Fumarsäure

Demzufolge enthalten Maleinsäureanhydrid und also auch Maleinsäure eine *cis*-Doppelbindung; das *trans*-Isomere, die Fumarsäure, bildet unter milden Bedingungen kein Anhydrid. Bei stärkerem Erhitzen wird Fumarsäure in Maleinsäureanhydrid umgewandelt.

Ein weiteres Indiz für die *cis*-Konfiguration der Maleinsäure ist gegeben durch die Bildung dieser Säure beim oxydativen Abbau von Benzol, in welchem die Konfiguration notwendigerweise *cis*-orientiert ist. Ist einmal die Konfiguration einiger weniger Verbindungen wie z. B. Maleinsäure, festgelegt, so können diese als Relaissubstanzen bei der Konfigurationszuordnung anderer Substanzen dienen.

Bei der zweiten Methode, der Überführung von Verbindungen unbekannter Konfiguration in solche bekannter Konfiguration, und zwar auf rein chemischem Wege, muß man das Hauptaugenmerk darauf richten, daß bei keiner der Operationen eine Konfigurationsumkehr eintritt.

Als Beispiel sei die Konfigurationszuordnung von *trans*-Crotonsäure erwähnt:

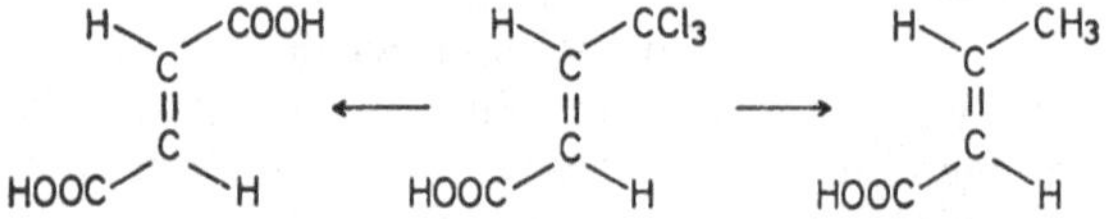

Fumarsäure trans-Trichlorcrotonsäure Crotonsäure

trans-Crotonsäure wird durch Hydrolyse von *trans*-Trichlorcrotonsäure erhalten; die Konfiguration der *trans*-Trichlorcrotonsäure ergibt sich andererseits aus der Umwandlung in Fumarsäure bei der Hydrolyse der Trichlormethylgruppierung. Da Fumarsäure eindeutig *trans*-konfiguriert ist, muß auch die Crotonsäure *trans*-Konfiguration aufweisen.

Eine weitere Methode geht davon aus, daß sich *cis*- und *trans*-Isomere in ihrem chemischen und physikalischen Verhalten unterscheiden. Damit ist eine aufschlußreiche Methode zur Konfigurationsbestimmung die **Bestimmung des Dipolmoments.** Bei zwei gleichen Substituenten weist das zentrosymmetrische *trans*-Isomere den Wert Null auf, da sich die Vektoren einander entgegenrichten und sich dadurch aufheben. Die *cis*-Form weist dagegen einen endlichen Wert auf.

Die beiden isomeren 1.2-Dichloräthane weisen folgende Werte auf:

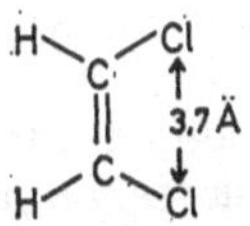

cis-1.2-Dichloräthan
Sdp. 60,3°, 1,89 D

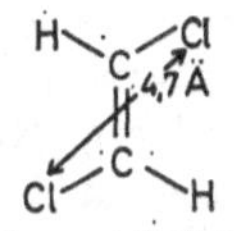

trans-1.2-Dichloräthan
Sdp. 47,7°, 0 D

Im allgemeinen ist die *trans*-Form energieärmer als die *cis*-Form, jedoch sind die Energiedifferenzen meist gering. Sie werden vorwiegend von dem gegenseitigen Einfluß der Substituenten und deren Wechselwirkung bestimmt. Beispielsweise ist *trans*-Buten um 1,3 kcal/Mol energieärmer und damit stabiler als *cis*-Buten. Beide lassen sich gaschromatographisch trennen.

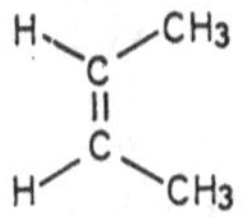

cis-Buten (2)

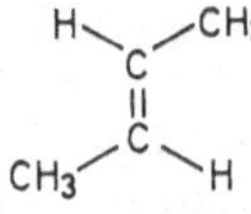

trans-Buten (2)

Andere Unterschiede zeigen sich im Schmelzpunkt. In vielen Fällen schmilzt das *trans*-Isomere höher, da sich das *trans*-Isomere leichter in ein Kristallgitter einordnen läßt.

Da sich die *cis*- und *trans*-Isomeren immer in ihren Dipolmomenten unterscheiden, ist auch für die Siedepunkte und den Brechungsindex ein analoges Verhalten zu erwarten. Nach den bisherigen Kenntnissen zeigen im allgemeinen die Isomere mit den höheren Dipolmomenten auch die höheren Siedepunkte und die höheren Brechungsindizes, sowie die höheren Werte für die Dichte. Gleiches gilt für die Acidität und die spektroskopischen Eigenschaften.

Konfigurationszuordnung durch MV-*Spektrokopie*

Offenkettige Diene und Diene in sechsgliedrigen Ringen liegen normalerweise in der *trans*-Anordnung vor, während homoannulare Diene die *cis*-Anordnung einnehmen müssen. Diese Konformationen sind in den folgenden Teilstrukturen *I* (heteroannulares Dien) und *II* (homoannulares Dien) angegeben.

I II

Es ist nicht vollkommen klar, weshalb die *cis*-Anordnung zu einer längerwelligen Absorption im MV-Gebiet führt als die *trans*-Anordnung. Die Maxima von *cis*-Dienen besitzen zudem, infolge ihres kürzeren Abstandes zwischen den Enden des Chromophors, geringere Intensitäten ($\varepsilon \sim 10000$) als die Maxima von *trans*-Dienen ($\varepsilon \sim 20000$).

Bei 2-Buten $CH_3-CH=CH-CH_3$ und einer Reihe von anderen Kohlenwasserstoffen, deren Doppelbindungen durch C-Substituenten substituiert sind, ist das *trans*-Isomere thermodynamisch stabiler als das *cis*-Isomere. Die relative Stabilität läßt sich bei diesen Isomeren durch den Vergleich der Verbrennungswärmen ermitteln. Die bisherigen Befunde deuten daraufhin, daß das *cis*-Alken die höheren Werte aufweist, als das *trans*-Alken.

Häufig bringt der Vergleich der Hydrierungswärmen einen Hinweis auf die Konfiguration und Konformation, denn die Hydrierungswärmen liegen für ein *cis*-Alken höher als für ein *trans*-Alken.

Die letzte Möglichkeit, die hier auch nur erwähnt werden kann, ist die Isomerisierung der zwei Konfigurationsisomeren durch thermische oder katalytische Einwirkung. Bei dieser Reaktion wird das thermodynamisch stabilere trans-Isomere im Gleichgewicht bevorzugt gebildet.

43. Allene und Kumulene

Modelle von 1.2-Dienen des Typs $HXC{=}C{=}CHX$ zeigen, daß die Ebenen, welche durch die Substituentenpaare und den jeweils gemeinsamen Kohlenstoff gebildet werden, senkrecht zueinander stehen. Daraus folgt, daß Allene dieses Typs *A* weder eine Symmetrieebene noch

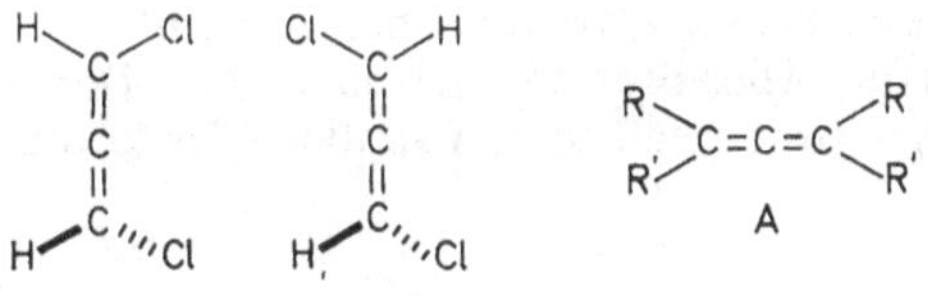

A

ein Symmetriezentrum besitzen und daher in optische Antipoden spaltbar sind. Die experimentelle Bestätigung gelang durch die Aufspaltung des 1.3-Diphenyl-1.3-diα-naphthyl-allens in die optischen Antipoden:

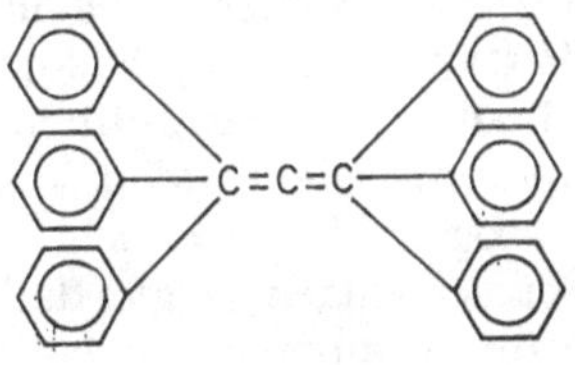

Allene enthalten kein Chiralitätszentrum, sondern sind Beispiele einer Verbindungsklasse, deren Molekel eine sog. Chiralitätsachse ($C{=}C{=}C$-Achse) enthalten.

Ein Beispiel eines chiralen, aber nicht asymmetrischen Moleküle zeigt die folgende Abbildung:

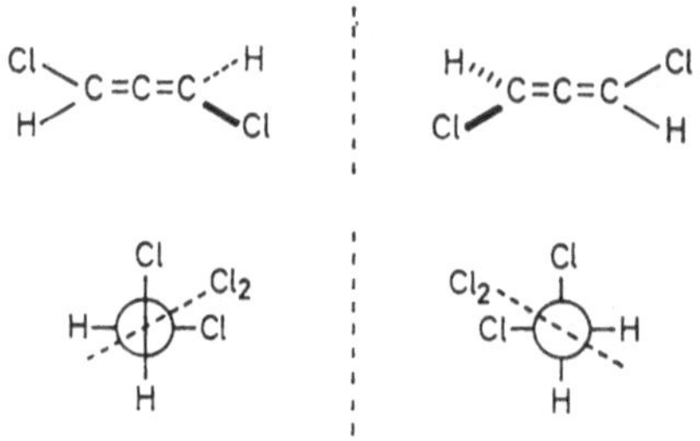

Die Umwandlung der Enantiomere ist dadurch erschwert, daß die voluminösen ortho-Substituenten im Übergangszustand einander passieren müssen. Entsprechend sind die beiden Enantiomere durch eine hohe Aktivierungsenergie voneinander getrennt.

Falls den Allenen noch eine zusätzliche Doppelbindung eingefügt wird, erhält man Kumulene des folgenden Typs.

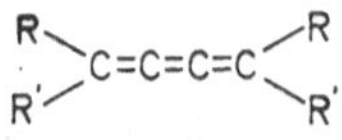

Bei dieser Struktur liegen die *R* und *R'* wieder in derselben Ebene und die Molekel sollte *cis-trans*-Isomerie aufweisen. Da die Molekel zudem achiral ist, sollte eine. Trennung in die beiden Isomeren möglich sein. Die bereits von van't Hoff vorhergesagte Isomerie der Kumulene konnte 1954 am Bis-[2-nitro-diphenylen]-butatrien nachgewiesen werden. Die beiden *cis/trans*-Isomeren ließen sich chromatographisch trennen.

Aus diesen Betrachtungen folgt, daß eine ungerade Anzahl kumulierter Doppelbindungen im allgemeinen *cis-trans*-Isomerie zur Folge hat, während eine gerade Anzahl kumulierter Doppelbindungen Enantiomerie zur Folge hat.

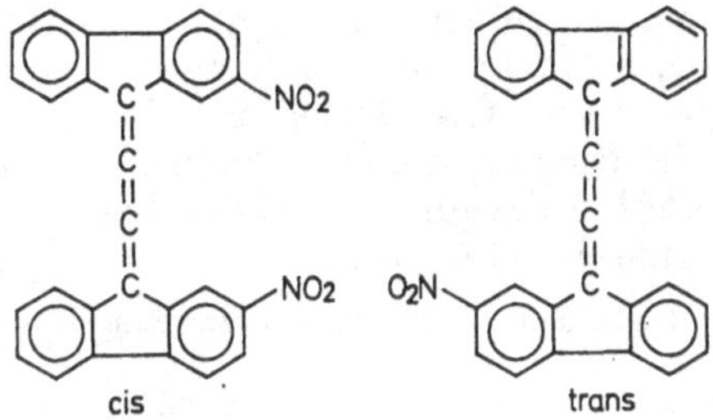

44. Acetylene

In Anlehnung an die bereits beim Aufbau der Doppelbindung diskutierte Stellung der beiden Tetraeder zueinander, müssen sich die beiden Tetraeder in der Acetylenmolekel mit drei Spitzen, d. h. mit je einer Fläche berühren. Dadurch wird die Drehbarkeit der beiden Tetraeder aufgehoben und stereoisomere Formen können nicht gebildet werden, es sei denn, sie sei durch die benachbarten Gruppen R bzw. R' bedingt.

45. Atropiosmerie bei Diphenyl-Derivaten

Die Molekel des Biphenyls existiert in einer Reihe von Konformationen, die sich durch die Drehbarkeit um die C—C-Achse ergeben. Die reine planare Form der Molekel ist am stärksten durch die Überlappung der π-Elektronen der aromatischen Ringsysteme stabilisiert, zugleich tritt aber auch eine recht beträchtliche sterische Wechselwirkung zwischen den *ortho*-Wasserstoffatomen in Kraft.

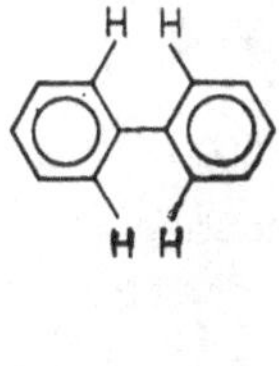

Bei Atropisomeren führt also eine starke Wechselwirkung zwischen direkt nicht miteinander verbundenen Atomen (räumliche Überfüllung im Übergangszustand dazu, daß die Drehung um eine Bindung erschwert oder behindert ist. Für das Auftreten dieser Behinderung sind zwei Bedingungen Voraussetzung:

1. Keiner der beiden Ringe darf eine zur Ringebene senkrecht stehende σ-Ebene besitzen.
2. die blockierenden Gruppen müssen voluminös genug sein, um die leichte Umwandlung der Enantiomere zu verhindern.

Dieser Behinderung könnte die Molekel ausweichen, wenn sie eine Konformation einnehmen würde, in der die beiden Ringsysteme einen Winkel von fast 90° zueinander einnehmen. Bei dieser Konformation wäre aber andererseits die gesamte Resonanz aufgehoben. Wie Elektronenbeugungsaufnahmen am Biphenyldampf ergeben haben, stehen die beiden Ringsysteme in einem Winkel von 40° zueinander. Tragen die Ringe in zwei der *ortho*-Positionen Substituenten, wie etwa in der Diphensäure, so beträgt der Winkel zwischen den beiden Ringen nunmehr 60°.

Auffällig ist, daß die aromatischen Systeme relativ leicht um die C—C-Achse drehbar sind. Hierbei werden zwei Energiemaxima durchlaufen, die der nahezu coplanaren und der rechtwinkligen Lage der Ringsysteme entsprechen. Bei der Diphensäure wird die Energiebarriere bei rechtwinkliger Anordnung kleiner und die Energiebarriere der coplanaren Konformation wird größer. Parallel dazu zeigt das *UV*-Spektrum eine beträchtlich verringerte Resonanz zwischen den beiden Ringsystemen an.

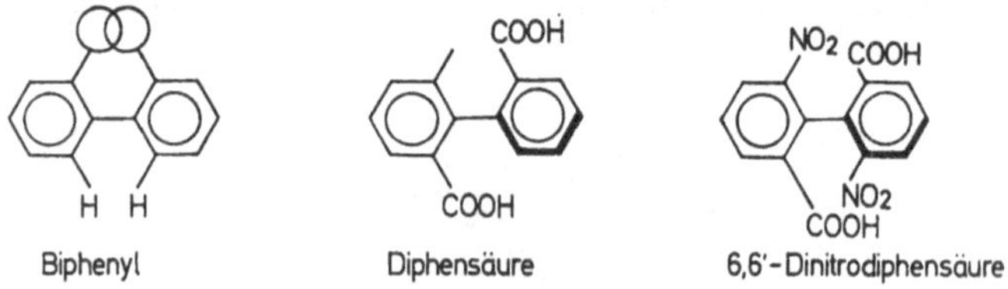

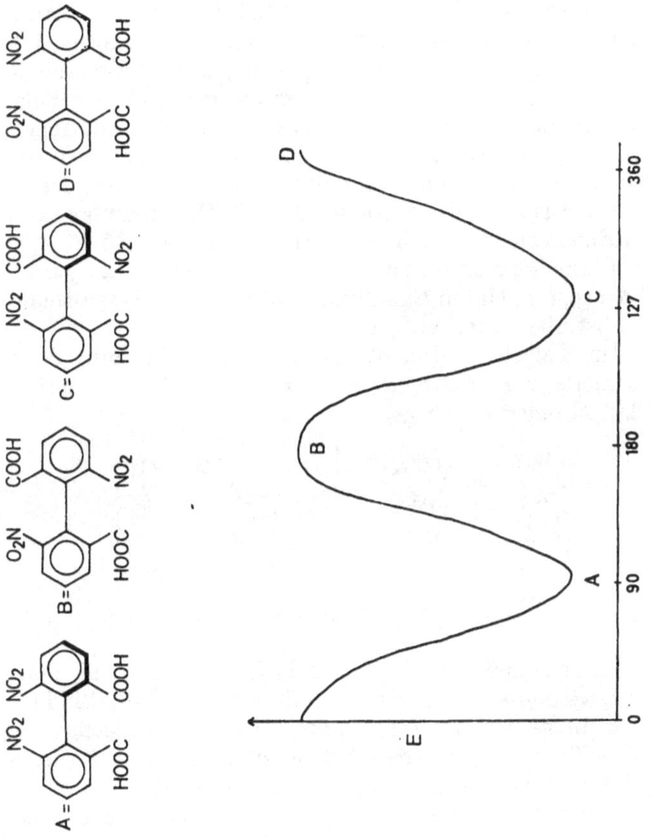
A =
B =
C =
D =
NO2
COOH
HOOC
O2N
E
A
B
C
D
0
90
180
127
360

Die beiden möglichen rechtwinkligen Konformationen sind nunmehr nicht mehr gleich, sondern sind Enantiomere.

Nimmt dann die Größe und Zahl der *ortho*-Substituenten weiter zu, so wie in der 6.6'-Dinitrodiphensäure, dann wird die Energie für die eventual-Konformation, in der die Ringe coplanar liegen, wegen der Wechselwirkung der großen *ortho*-Substituenten, sehr groß. Als Folge davon wird zwischen den enantiomeren Konformationen, in denen die beiden Ringsysteme nahezu senkrecht zueinander stehen, eine sehr große Energiebarriere aufgebaut. Aus diesem Grunde ist die 6.6'-Dinitrodiphensäure in Enantiomere spaltbar. (Formel siehe Seite 153)

Derartige Konformationen besitzen weder eine Symmetrieebene noch ein Symmetriezentrum. Die Gesamtmolekel ist aber chiral aufgebaut.

Im Fall der Diphensäure liegt also Konformationsisomerie vor, während bei der 6.6'-Dinitrodiphensäure Atropisomerie vorliegt.

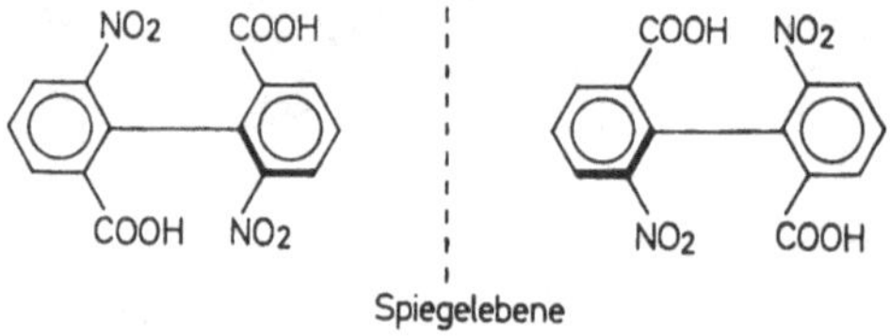

Atropisomerie bei Biphenyl-derivaten tritt damit dann auf, wenn die Achse, die durch die mittlere C—C-Bindung und die 4- und 4'-Atome führt, eine Chiralitätsachse ist. Eine Bedingung für das Auftreten einer Chiralitätsachse besteht nun wiederum darin, daß die Konformation, in der die Ringebenen senkrecht zueinander angeordnet sind, keine Symmetrieebenen enthalten. Schließlich muß die Energiebarriere der beiden Konformationen so groß sein, daß sie bei gegebener Temperatur nicht überschritten werden kann. Ist eine der Barrieren klein, so ist die Racemattrennung bei Zimmertemperatur unmöglich.

Ist die Barriere hoch, so ist die Trennung möglich, und die Enantiomeren sind stabil. In dem Zwischenbereich ist die Trennung zwar noch möglich, aber die Enantiomeren racemisieren mehr oder weniger schnell.

Die Umwandlung der zwei Enantiomeren ineinander verläuft stets über zwei diastereomere Übergangszustände. Das eine Enantiomere kann z. B. in das andere übergehen, indem der Übergangszustand mit cisoider Konformation oder derjenige mit transoider Konformation durchlaufen wird. In der cisoiden Konformation ist die Wechselwirkung zwischen den beiden Substi-

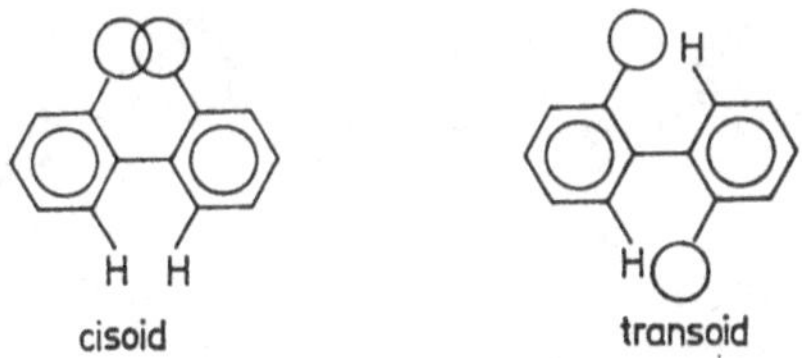

tuenten beträchtlich, während in der transoiden Konformation die ihnen gegenüberstehenden Wasserstoffatome leicht passieren können. Eine Racemisierung über den transoiden Übergangszustand ist also leichter möglich.

Oder anders formuliert: in der allgemeinen Form eines tetrasubstituierten Biphenylderivats müssen normaler-

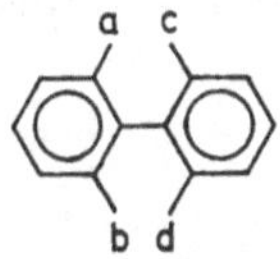

weise zwei Paare von Substituenten (*a*, *c* und *b*, *d*) einander passieren, was normalerweise eine große Aktivierungsenergie erfordert. Sind dagegen alle vier ortho-Substituenten besonders klein (Fluor- oder Methoxygruppen), so verhindert die hohe Racemisierungsgeschwindigkeit die mögliche Spaltung in Antipoden.

Die räumliche Überfüllung braucht aber nicht die Hauptursache für behinderte Drehbarkeit zu sein. Es gibt eine Reihe von Beispielen, in denen die *ortho*-Position durch Brücken miteinander verbunden sind. Auch eine große Winkelspannung im Übergangszustand der Racemisierung kann für die Existenz stabiler Enantiomere verantwortlich sein. So konnte das in der folgenden Abbildung gezeigte Biphenylderivat getrennt werden. Diese Substanzen sind optisch aktiv, wandeln sich aber leicht ineinander um.

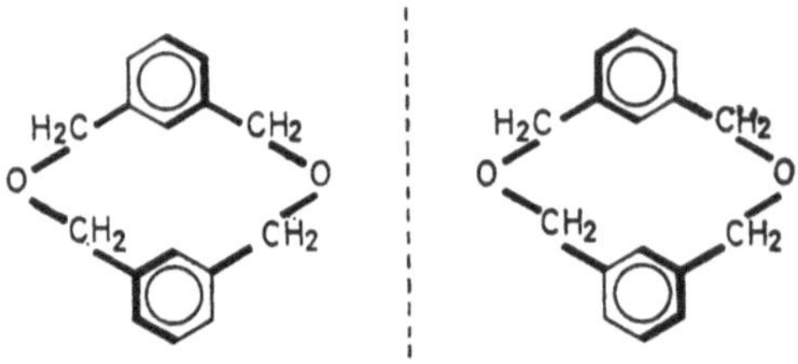

Wie man an Modellen nachweisen kann, wird die Racemisierung vor allem durch Winkelspannungen verhindert. Es ist nicht einmal erforderlich, daß alle *ortho*-Positionen miteinander verknüpft sind, wie in dem folgenden Beispiel. Häufig genügt bereits eine Brücke in den *ortho*-Positionen, wobei dann in den nicht verbrückten Positionen zusätzlich große Substituenten erforderlich sind.

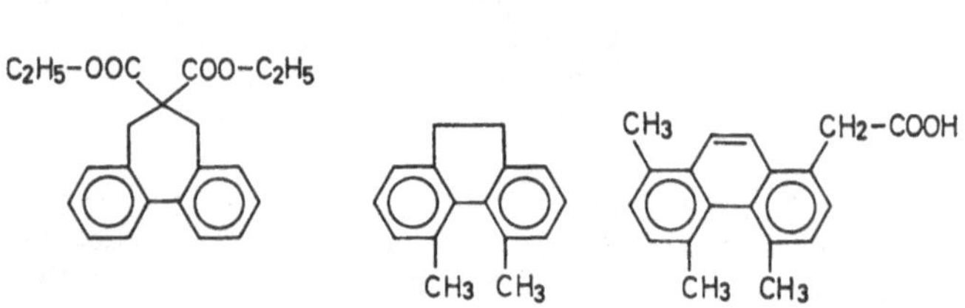

Atropisomerie tritt allerdings auch auf bei Verbindungen, in denen nicht das Strukturelement des Biphenyl-

Systems, aber sterisch die gleichen Bedingungen, vorliegen:

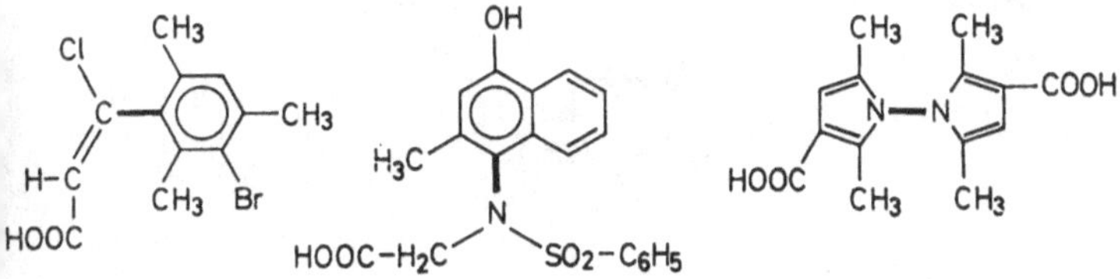

Aber auch die biphenylähnliche Stereochemie ist nicht einmal Voraussetzung für das Auftreten von Atropisomerie. Das Tri-o-thymotid wandelt sich bei Raumtemperatur rasch ineinander um. Die Verbindung gilt als Verbindung mit helikaler Dissymmetrie, in der die beiden Helices durch Drehung der aromatischen Ringe um ihre Längsachse ineinander übergeführt werden. Die Trennung der beiden Formen ist über Einschlußverbindungen möglich.

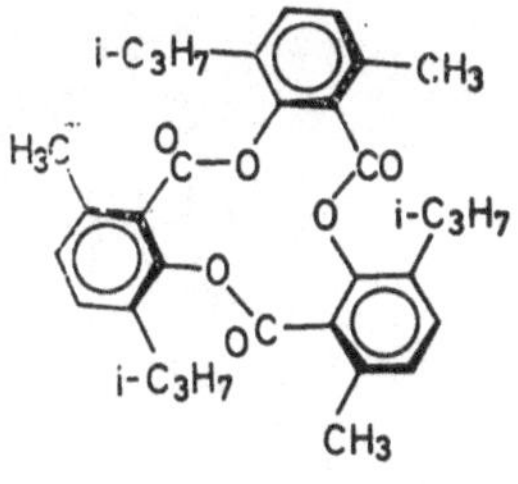

Tri-o-thymotid

Schließlich ist die Atropisomerie noch bei zwei Gruppen beobachtet worden, die als Verbindungen mit einer Chiralitätsebene angesehen werden müssen (Allene und Biphenylderivate enthalten eine Chiralitätsachse), die Ansa-Verbindungen und die Paracyclophane. Bei den Ansa-Verbindungen reicht bereits die Anwesenheit eines Benzolringes aus, um die Spaltung zu ermöglichen. Voraussetzung ist allerdings, daß die Polymethylenbrücke eng genug ist, um ein Durchschwingen des Benzolrings zu verhindern, und daß der Benzolring wenigstens einen Substituenten trägt.

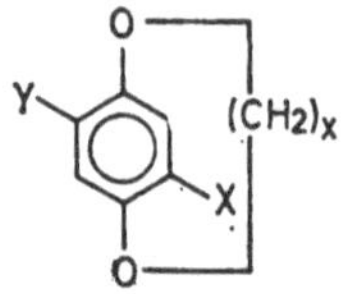

Bei den Paracyclophanen sind die Vertreter mit $a = b = 2$ optisch stabil, mit $a = 3$, $b = 4$ spaltbar und mit $a = b = 4$ nicht spaltbar. Damit sollte bei den kleineren Ringen der Wechsel in die Antipoden durch die Behinderung der Drehbarkeit gebremst werden: Nach der Röntgen-Kristallstrukturanalyse liegen sehr flache Wannen vor, so daß sich für das 2.2-Paracyclophan die folgende Struktur ergibt:

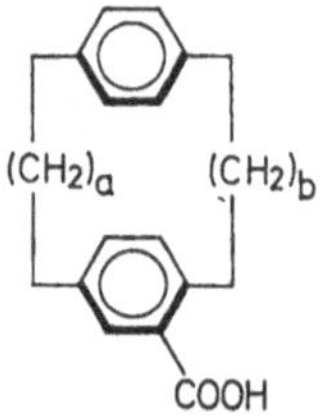

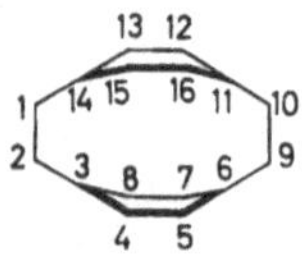

Isolierbare Enantiomere mit einer Chiralitätsebene sind schließlich noch beim *trans*-Cycloocten, beim *trans*-*trans*-Cyclooctadien und *trans*-Cyclononen aufgefunden worden. Die Verbindung racemisiert extrem leicht durch ausschließliche Drehung um Einfachbindung, d. h. hier liegt Konformationsstereoisomerie vor.

Atropisomerie muß aber nicht notwendigerweise mit

Enantiomerie einhergehen. Atropisomere können auch Diastereomere sein, wie in der folgenden Abbildung:

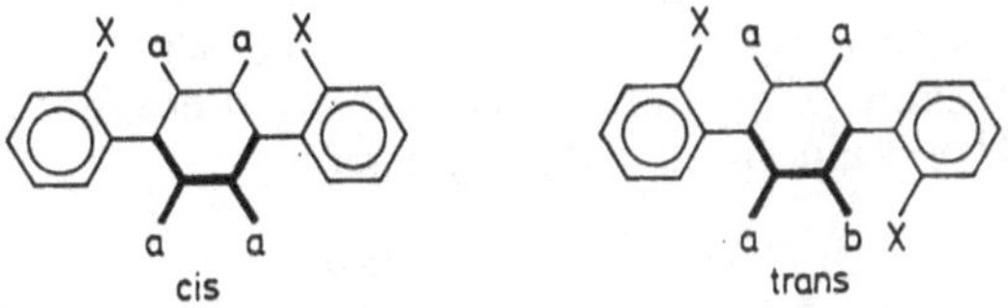

Die *cis*- und *trans*-Formen sind Diastereomere. Die äußeren Ringe liegen jeweils in der Papierebene und der mittlere Ring ist hierzu senkrecht angeordnet.

46. Katenane

Im Hinblick auf den sterischen Aufbau bilden die Katenane eine interessante Klasse von Verbindungen, da hier zwei makrocyklische Systeme von Kettengliedern miteinander verknüpft wurden und so erstmalig Moleküle dargestellt wurden, deren Teile nicht durch chemische Bindungen zusammengehalten werden.

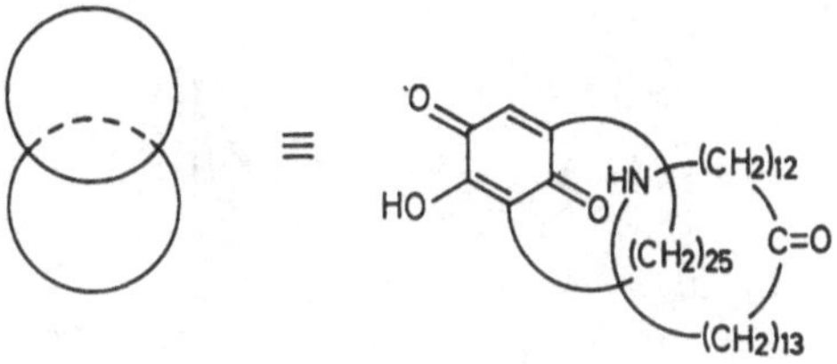

47. Stereochemie anderer Elemente

47.1. Verbindungen mit vierfach gebundenem Zentralatom

Außer Kohlenstoff binden auch eine Anzahl anderer Elemente Liganden in tetraedrischer Anordnung und entsprechend wurden in diesen Fällen auch Enantiomere gefunden. Die bei diesen Verbindungen auftretende optische Aktivität ist anderen chiralen Gruppierungen und Zentren zu verdanken, als wir es bisher kennengelernt haben. Beispielsweise einem vierfach koordinierten Silicium, Germanium, Stickstoff, Phosphor oder Arsen-Atom mit stabiler Konfiguration:

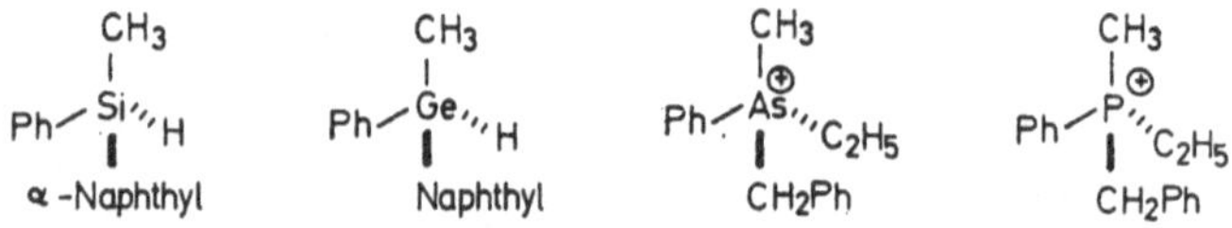

Silicium Germanium Arsonium Phosphonium

In den tertiären Aminen fungiert das freie Elektronenpaar am zentralen N-Atom als vierter Substituent. Damit stellen die tert. Amine sterisch eine flache dreiseitige Pyramide dar. Demzufolge müßten auch die verschieden substituierten tert. Amine in optische Antipoden spaltbar sein. Jedoch sind alle in dieser Richtung unternommenen Versuche bisher erfolglos geblieben. Bei allen pyramidal gebauten Aminen findet eine sehr schnelle Inversion der Pyramide statt:

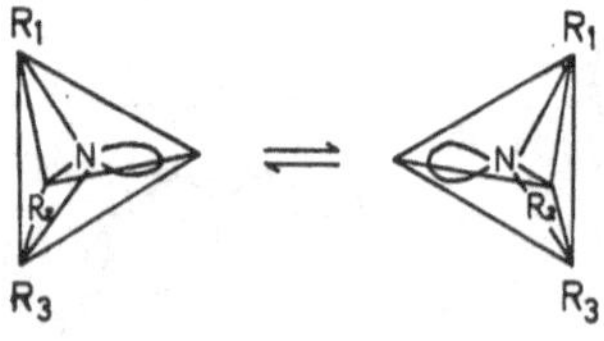

Dabei wird die Molekel in das Enantiomere übergeführt:

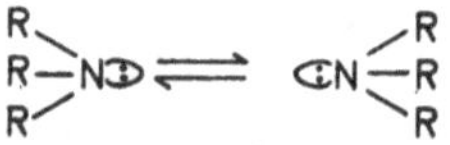

Die Racemisierung verläuft so rasch, daß Amine normalerweise nicht in die Enantiomeren getrennt werden können.

Baut man dagegen den Stickstoff so in ein Ringsystem ein, daß diese schnelle Konfigurationsumkehr nicht mehr möglich ist, so gelangt man tatsächlich zu einem Produkt das als TRÖGERsche Base bekannt geworden ist, und das in die Enantiomeren spaltbar ist:

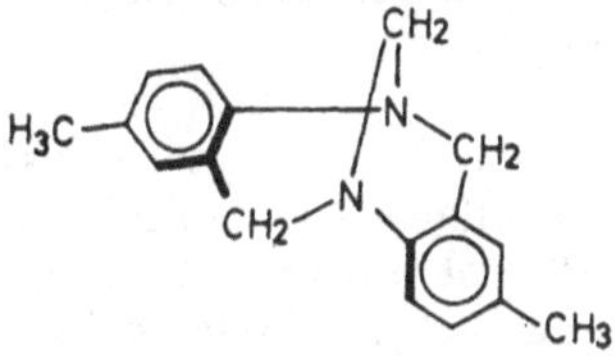

Ist auch die vierte Ecke des Tetraeders beim N-Atom mit einem anderen Substituenten besetzt, so ist die Verbindung in Analogie zum C-Atom in die Enantiomeren spaltbar. Methyl-allyl-phenyl-benzyl-ammoniumjodid konnte durch (+)-Bromcamphersulfonsäure in die Enantiomeren aufgespalten werden.

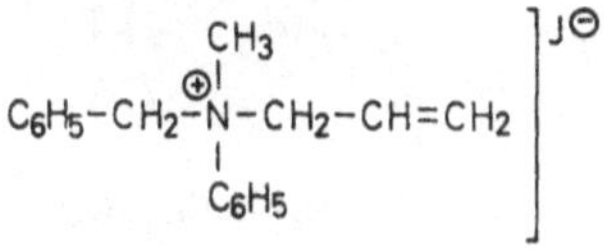

Desgleichen lassen sich analog gebaute Aminoxide sowie deren Salze in die Enantiomeren zerlegen:

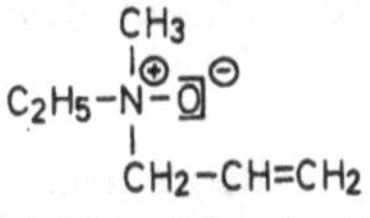

Methyl-äthyl-allyl-aminoxid

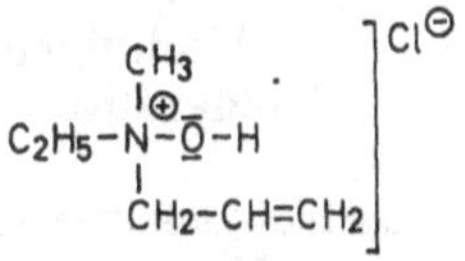

Von den Elementen der ersten Periode des Periodensystems bilden neben Kohlenstoff noch Bor und Beryllium Verbindungen, die in Enantiomere spaltbar sind. Hier liegen quadrilligante Zentralatome vor.

Ähnliche quadrilligante Verbindungen vom Lithium, Fluor, Neon und Sauerstoff sind bisher jedoch nicht bekannt.

48. Verbindungen mit dreifach gebundenem Zentralatom

Optische Aktivität kann sogar in Verbindungen auftreten, die ein dreifach koordiniertes Arsen, Antimon, Schwefel oder Phosphoratom enthalten und eine stabile Konfiguration haben. Während beim Stickstoff diese Bedingung aus Gründen der schnellen Inversion nicht gewährleistet ist, wird diese Inversion beim dreibindigen Phosphor, Arsen und Antimon viel kleiner.

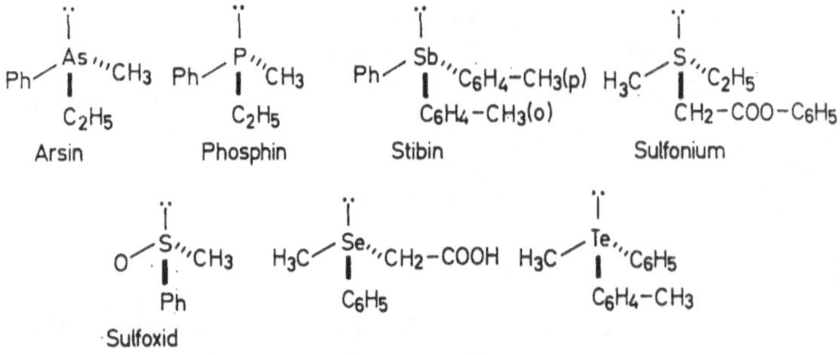

49. Verbindungen mit dreifach gebundenem Kohlenstoffatom

Das Kohlenstoffatom hat in allen stabilen Verbindungen vier Valenzelektronen und bildet somit auch vier kovalente Bindungen aus. Als Zwischenstufe bei Reaktionen sind drei Spezies in Betracht zu ziehen:

1. wenn von den vier Bindungsorbitalen nur drei an den Bindungen teilnehmen und das nicht teilnehmende Orbital unbesetzt ist, so haben wir Carbenium-Ionen,

2. enthält das nicht beteiligte Orbital ein Elektron, so haben wir das Kohlenstoffradikal,

3. ist das nicht beteiligte Orbital mit zwei nicht-bindenden Elektronen besetzt, so haben wir das Carbanion.

Obgleich diese möglichen Zwischenstufen in der Regel sehr kurzlebig sind, ist ihre Stereochemie doch von ausschlaggebender Bedeutung für die Stereochemie der zu erwartenden Endprodukte.

49.1. Das Carbenium-Ion

In den Carbenium-Kationen hat der Kohlenstoff nur ein Sextett, und seine drei Bindungselektronenpaare ordnen sich in einem größtmöglichen Abstand voneinander, d. h. mit dem zentralen C-Atom zusammen in einer Ebene an. Da diese Ebene naturgemäß gleichzeitig eine Symmetrieebene des Moleküls darstellt, müssen freie Carbenium-Ionen immer räumlich asymmetrisch sein:

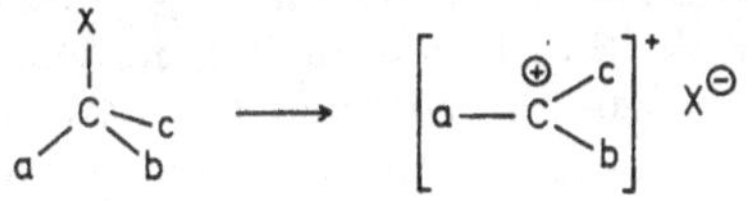

So lassen theoretische Berechnungen erwarten, daß der Kohlenstoff des Carbenium-Ions sp^2 hybridisiert ist, wobei das zur Substituentenebene senkrecht stehende p-Orbital leer ist. Sämtliche Reaktionen optisch aktiver Verbindungen, bei denen das asymmetrische C-Atom intermediär in das Zentralatom eines im wesentlichen freien Carbenium-Kations übergeht, sollten daher mit einer Racemisierung verbunden sein, was formelmäßig darin zum Ausdruck kommt, daß sich der neue Substituent gleich leicht von jeder der beiden Seiten der Substituentenebene an das Carbenium-C-Atom anlagern kann. In Übereinstimmung mit dieser Vorstellung ist bisher noch bei keiner Verbindung mit einem freien

Carbenium-Kation eine Spaltbarkeit in die Enantiomeren beobachtet worden.

Erst wenn die intermediär entstehenden Carbenium-Ionen nicht frei auftreten, besteht die Möglichkeit, daß der neue Substituent stets von der gleichen Seite an das Zentralatom herantritt. In diesem Fall würden dann konfigurativ einheitliche Moleküle und damit optisch aktive Substanzen entstehen. In diesem Zusammenhang sei an die WALDEN-Umkehr erinnert.

In den Carbanionen ist das Oktett des Kohlenstoffatoms noch vollständig, und die vier Elektronenbahnen sind daher in ähnlicher Weise wie die des quartären C-Atoms in die Ecken eines Tetraeders gerichtet. Die drei Substituenten eines Carbanions sollten daher nicht mit diesem zusammen in einer Ebene liegen, sondern wie die des Aminstickstoffs drei Ecken eines Tetraeders besetzen, dessen vierte Ecke frei bleibt bzw. von dem ungebundenen Elektronenpaar eingenommen wird. Hierbei entsteht ein unregelmäßiger Tetraeder mit dem Zentralatom an der flachen Spitze, das zum Unterschied vom normalen Kohlenstofftetraeder als Pyramide bezeichnet wird. Da sich die Substituentenlücke in derartigen Pyramiden sterisch wie ein von den anderen verschiedener Substituent verhält, sollten Carbanionen mit drei verschiedenen Substituenten am C-Atom räumlich chiral

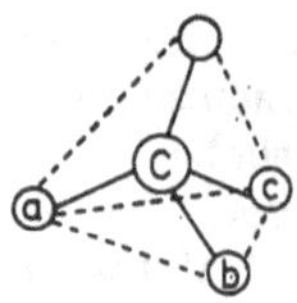

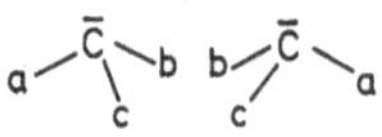

sein und enantiomere Molekeln ausbilden können. Danach muß man grundsätzlich mit der Möglichkeit des

Auftretens von optisch aktiven Carbeniatverbindungen rechnen. Doch läßt sich nicht vorher sagen, welche Verbindungen auch konfigurationsstabil sind. Sulfone, die eine gewisse Tendenz zum Übergang in Carbanionen aufweisen, verhalten sich unterschiedlich. Optisch aktive Sulfone, deren Sulfonylgruppe unmittelbar an einem asymmetrischen C-Atom steht, sind nur dann konfigurationsstabil, wenn das asymmetrische C-Atom keinen Wasserstoff mehr enthält, also nicht mehr in ein Carbanion übergehen können. Diejenigen Sulfone, die eine CH-Acidität aufweisen, werden dagegen in Gegenwart von Alkali sofort racemisiert.

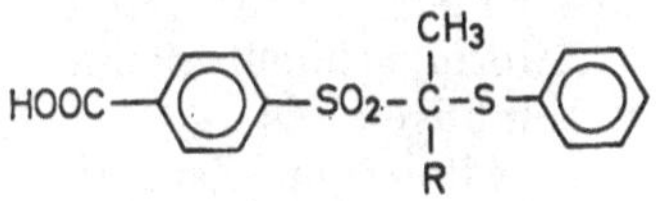

In Antipoden spaltbar, gegen Alkali stabil.

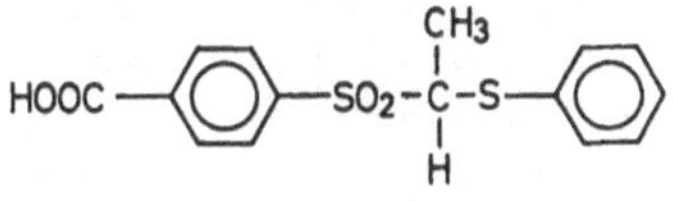

In Antipoden spaltbar, die durch Alkali racemisiert werden.

Danach ist das freie Carbanion ebensowenig konfigurationsstabil wie der Aminstickstoff, da die Vibrationsgeschwindigkeit, durch welche die beiden enantiomeren Carbanionen ineinander übergeführt werden, bei Zimmertemperatur so rasch abläuft, gleichbedeutend mit einer großen Racemisierungsgeschwindigkeit ist.

Für das Kohlenstoffradikal fordert die Theorie ebenfalls eine ebene Substituentenanordnung. Am Methylradikal konnte durch *UV*-Spektroskopie und Elektronenspinresonanz gezeigt werden, daß dieses Radikal eben oder nahezu eben ist. Dementsprechend wurden bisher auch noch niemals optisch aktive Triarylmethylradikale mit einem chiralen Radikal-C-Atom gefunden. Bei den Paraffinradikalen muß man dagegen mit der Möglichkeit einer pyramidalen Struktur und damit auch mit dem Auftreten von Enantiomeren rechnen. Doch sind gerade diese Radikale außerordentlich labil.

50. Metallkomplexe

Während der Kohlenstoff in gesättigten Verbindungen die Koordinationszahl vier aufweist und die Liganden tetraedrisch angeordnet sind, reichen die Koordinationszahlen bei Metallkomplexen von zwei bis zwölf. Dies weist bereits auf die Vielfalt der möglichen Strukturen hin.

Als ein Beispiel eines Metallkomplexes mit der Koordinationszahl vier sei daher die Stereochemie des Bors kurz erwähnt.

Das dreibindige Bor z. B. in den Bortrihalogeniden besitzt kein einsames Elektronenpaar mehr und ist damit eben gebaut. Diese ebene Molekülform schließt damit auch sämtliche Stereoisomerieerscheinungen aus.

Metallkomplexe mit vierfach koordiniertem Zentralatom sollten dagegen tetraedrische Strukturen besitzen, und man sollte daher bei entsprechender Besetzung des B-Atoms mit vier verschiedenen Substituenten Spiegelbildisomerie erwarten. In der Praxis ist es allerdings bisher nicht gelungen, die rechts und linksdrehenden Formen des Komplexes zu isolieren. Dies liegt nach den derzeitigen Kenntnissen sicherlich daran, daß die Substituenten gegen Lösungsmittel oder andere Substituenten leicht ausgetauscht werden und damit zwangsläufig Racemisierung eintritt.

Ändert man die Molekel jedoch so, daß man zwei Einzelsubstituenten zu einem zweizähnigen Liganden wandelt, so erhält man beim Bor eine optisch aktive, chirale Spiroverbindung mit einem sog. Chelatring, die in die Enantiomeren getrennt werden konnten.

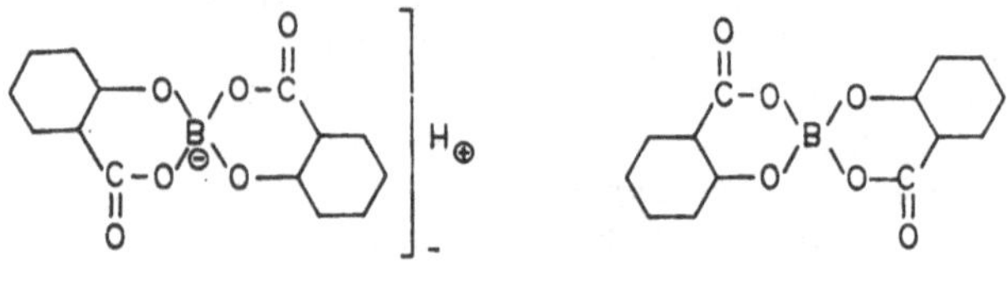

Ähnliche Chelate konnten auch vom Be, Zn und Cu dargestellt werden.

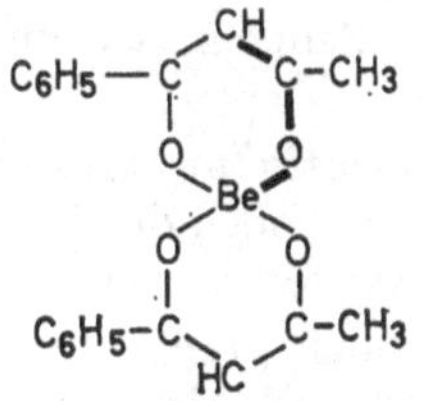

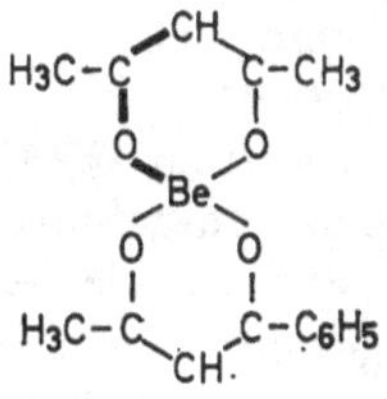

Metallkomplexe mit der Koordnationszahl sechs sind diejenigen Komplexe, die am häufigsten anzutreffen sind. Da der Ligandenaustausch speziell bei den C-Komplexen sehr langsam verläuft, sind diese Metallkomplexe mit sechsfach koordiniertem Zentralatom auch am besten untersucht. Die oktaedrische Anordnung erlaubt theoretisch 15 diastereomere Paare von Enantiomeren, die allerdings noch nie alle erhalten wurden. Auch bei den Komplexen des Cr (III), Rh (III), Ir (III), Ru (III) und Pt (IV) konnten die Diastereoisomeren und auch die Enantiomeren isoliert werden.
Als ein Beispiel seien die Diastereomeren des $Co(NH_3)_4Cl_2$ angeführt.

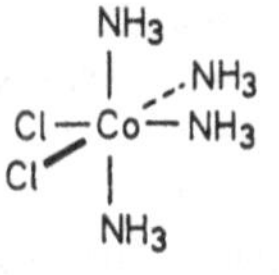

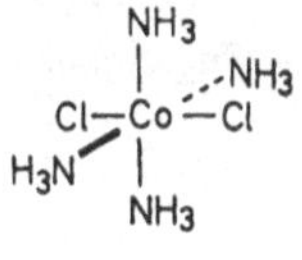

51. Präparative Stereochemie

Die Totalsynthese sterisch komplizierter Kohlenstoffverbindungen im präparativen Maßstab ist heute technisch und wirtschaftlich so wichtig geworden, daß sich ein ganz neues Gebiet der organischen Chemie, die präparative Stereochemie, mit speziell entwickelten Methoden entstand. Alkaloide und Antibiotica, vor allem aber die immer wichtiger werdenden Stereoidhormone sind heute synthetisch herstellbar.

Die Synthese eines optisch aktiven Isomeren, einer Substanz mit mehreren chiralen Zentren, ist auf drei Wegen möglich:

1. Die Reaktion wird stereoselektiv an racemischen Verbindungen ausgeführt und das Problem der Racemattrennung an das Ende der Synthese verschoben.

2. Umgekehrt versucht man aus präparativen Erwägungen das unerwünschte, weil vielleicht unwirksame optische Isomere, möglichst früh auszuschalten.

3. Die Racematspaltung könnte theoretisch durch eine eindeutig verlaufende asymmetrische Synthese ganz vermieden werden.

Wählt man eine Synthese, wobei die stereoselektive Bildung chiraler C-Atome das Ziel ist, so hat man zu überlegen, daß das asymmetrische Zentrum meistens bei der Überführung trigonaler Kohlenstoffatome von Carbonyl-, Enol- und Enamingruppen sowie von isolierten und konjugierten olefinischen Doppelbindungen in tetragonale C-Atome gebildet wird. Um die Stereochemie solcher Umwandlungen vorauszusagen, müssen die folgenden Faktoren berücksichtigt werden:

1. Die Konformation des Ausgangsmoleküls,
2. die sterische Zugänglichkeit des Reaktionspartners,
3. den Energieinhalt der Übergangszustände und
4. die Stabilität des Reaktionsproduktes.

Die Bedeutung der Konformation des Ausgangsmoleküls wird durch eine halbempirische Regel unterstrichen, nach der das im Produkt vorherrschende Isomere durch einen Angriff von der am wenigsten behinderten Seite entsteht.

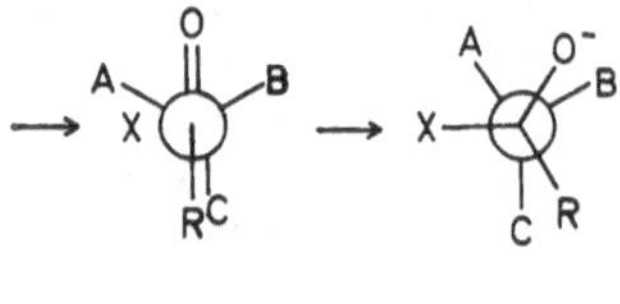

Zusammenhang zwischen Angriffsrichtung und Größe der Substituenten bei Ketonen: A = kleiner, B = mittler, C = großer Substituent.

Betrachtet man die sechs hauptsächlichen Konformationen einer Carbonylgruppe, deren α-ständiges C-Atom drei verschieden große Substituenten trägt, so kann man annehmen, daß ein Angriff auf die Konformation A und B von der am wenigsten behinderten Seite her das gleiche Isomere liefert, wie ein Angriff auf die Konformation A während das andere Epimere durch einen Angriff auf eine der Konformationen D und E oder F unter den gleichen Bedingungen entsteht.

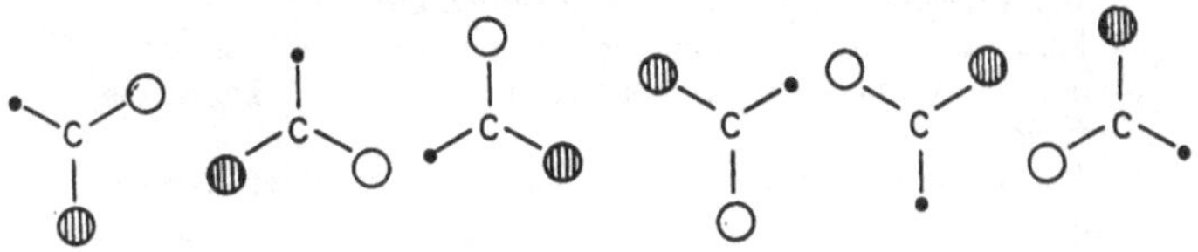

A B C D E F

Als Anwendungsbeispiel sei die Reduktion von 11-Oxo-Steroiden der Androstan-Reihe mit $LiAlH_4$ angeführt. Hier nähert sich das Reagenz bei I von der α-Seite des Moleküls, da der β-Angriff durch die C-18- und C-19-Methylgruppen und durch das axiale H am C-8 sehr stark behindert ist, und so liefert die Reduktion in Übereinstimmung mit den theoretischen Vorhersagen in hohen Ausbeuten den unstabilen C-11-β-Alkohol als einziges Produkt.

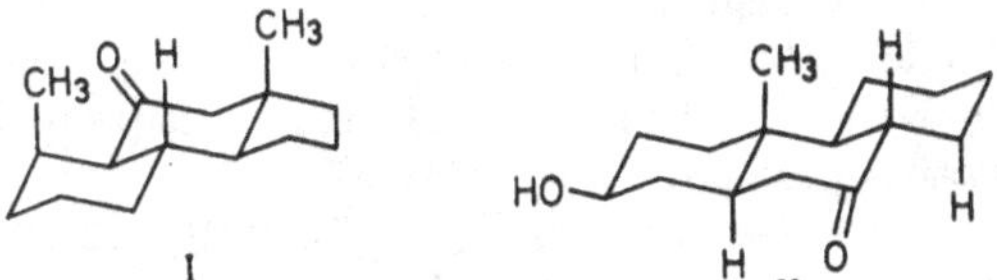

I II

Im Cholestan II ist der Angriff von der β-Seite auf Grund der veränderten Konformation durch die C-18-

und C-19-Methylgruppen behindert, während die Annäherung von der α-Seite des Moleküls besonders durch die drei axialen H-Atome am C-5, C-9 und C-14 behindert ist. Demgemäß liefert die Reduktion ein Gemisch von 55% β-ol und 45% 7α-ol.

Die gleichen Überlegungen gelten natürlich auch für die Vorhersage der möglichen Epimeren bei Verwendung von $NaBH_4$, sowie bei der *cis*-Addition an Doppelbindungen und bei Epoxydierungsreaktionen, wo sich das Reagenz von der weniger behinderten Seite her nähert. Bei der Reduktion von Carbonylgruppen gelten heute folgende Vorhersagemöglichkeiten:

1. Bei Verwendung von $LiAlH_4$ erhält man:
a) bei behinderten Ketonen: überwiegend axiales Epimer
b) bei unbehinderten Ketonen: überwiegend äquatoriales Epimer
2. Bei Verwendung des $NaBH_4$: fast ausschließlich das stabilere äquitoriale Epimere.

Zum Beweis, daß auch mehrere Partner in einer bestimmten Konformation vorliegen müssen, um an einer Reaktion teilnehmen zu können, sei an die stereospezifisch verlaufende bimolekulare *E*-2-Eliminierung erinnert.

Diese Reaktion verläuft bekanntlich nur dann glatt, wenn die vier an der Reaktion beteiligten Zentren in einem 4-Zentren-coplanaren-Übergangszustand vorliegen. Wenn eine Drehung um die C—C-Achse, wie in aliphatischen Systemen möglich ist, können die Substituenten diesen Zustand leicht erreichen. Im Cyclohexan-System z. B. können diesen erforderlichen Zustand aber nur *trans*-diaxiale Substituenten erreichen, der bei Verwendung der NEWMAN-Projektion als eine antiperiplanare Konformation wiederzugeben wäre.

Die Struktur des energetisch begünstigten Zustandes determiniert damit die Stereochemie des Angriffs. In Übereinstimmung mit dem Prinzip von CURTIN und HAMMET ist dieser Einfluß im allgemeinen größer als der der Anfangskonformation des Moleküls.

Ein Beispiel hierfür ist die *trans*-diaxiale Eliminierung beim Hofman-Abbau von Steroid-Aminen. Hierbei werden axiale Jodmethylate erheblich leichter abgebaut als äquatoriale. Axiale Jodmethylate liefern immer das Olefin als eine Folge des coplanaren, energiearmen Übergangszustandes zwischen dem C-5-H, C-6-H und $N(CH_3)_2$,

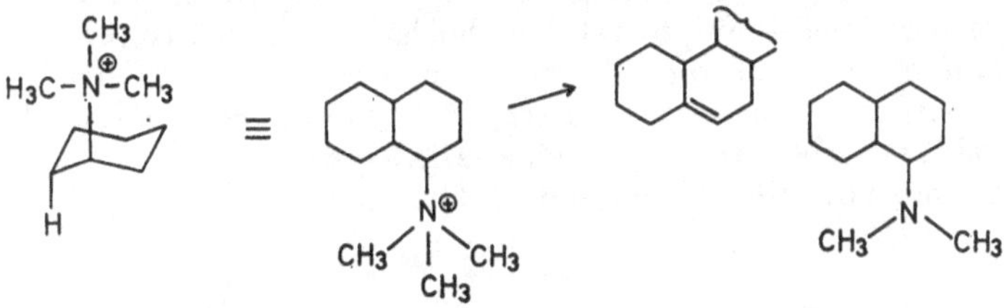

während das äquatoriale Jodmethylat, da keine antiperiplanare Konformation vorliegt, damit auch kein energiearmer Zwischenzustand erreicht werden kann, immer nur zu den tertiären Steroidbasen führt.

Besteht die Möglichkeit einer di-*trans*-Eliminierung wie beim Neomenthylamin, so entstehen natürlich zwei Pro-

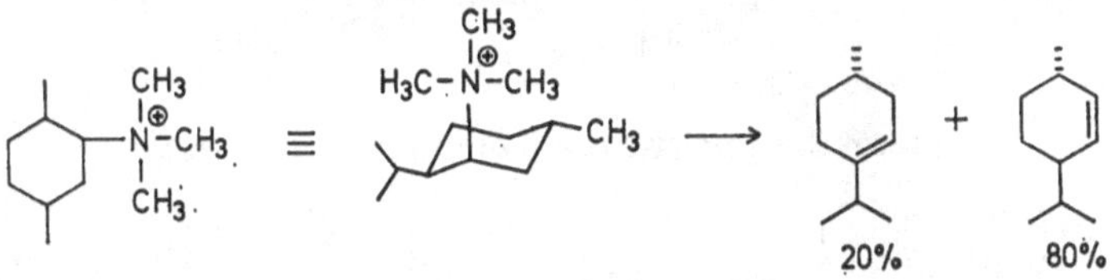

dukte, da sowohl nach der einen wie nach der anderen Seite ein coplanarer Zustand erreicht werden kann.

Die verschiedenen Faktoren, die die Konformation der angegriffenen Verbindung, die Art der Annäherung des Reaktionspartners und die Form und Energie des Übergangszustandes beeinflussen, determinieren ein Primärprodukt, dessen sterischer Bau keineswegs dem des thermodynamisch stabilsten Isomeren entsprechen muß. Wenn die Struktur dieses thermodynamischen Isomeren, von der des primären kinetischen Produktes verschieden ist, müssen die Reaktionsbedingungen berücksichtigt werden. Ein Syntheseprinzip, welches auch stereochemisch komplizierte Moleküle herzustellen gestattet, besteht darin, die chiralen Zentren in eine cyklische Struktur einzubauen und die für die weitere Synthese nicht erforderlichen Ringe im geeigneten Augenblick zu öffnen. Diese indirekte Methode ist deswegen so vorteilhaft, weil gewisse Cyclisierungsreaktionen höchst stereoselektiv verlaufen, wie z. B. die Diensynthese. Ein Beispiel ist die Reserpin-Synthese, bei der die fünf chiralen Zentren der Schlüsselsubstanz durch eine Dien-synthese und anschließende Ringöffnung eingeführt werden:

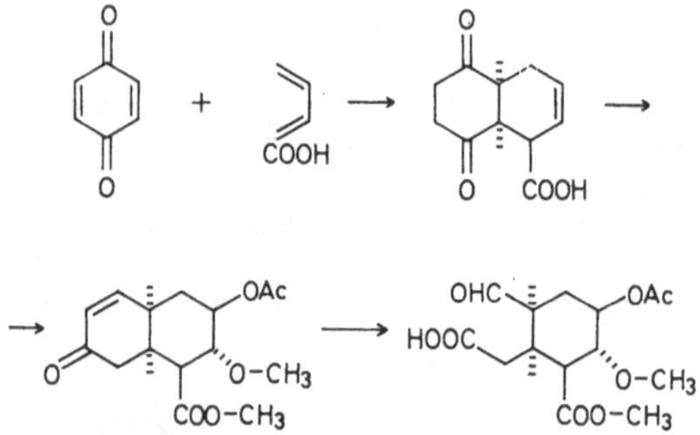

Ein weiteres Beispiel ist die Yohimbin-Synthese:

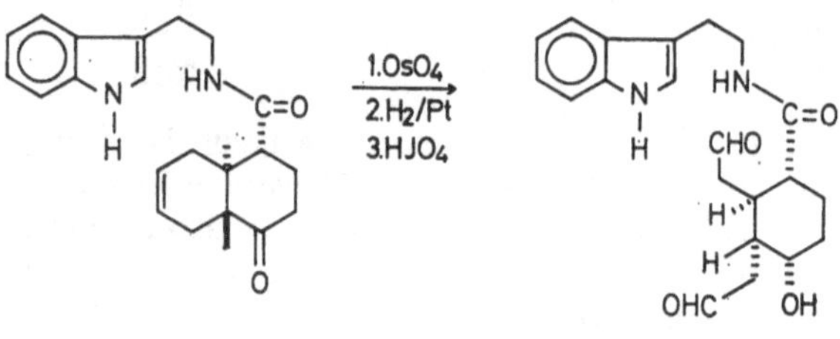

51.1. *Spaltung von Racemformen*

Das Hauptproblem bei der Synthese eines Naturstoffes ist, ausschließlich die in der Natur vorkommende Form der gewünschten Verbindung zu erhalten. Für die präparative Spaltung von Racemformen sind drei Wege eingeschlagen worden:

a) Methoden ohne asymmetrische Hilfsstoffe

b) Methoden mit Bildung und Trennung von Diastereoisomeren

c) Methoden mit milden selektiven Reaktionen.

Prinzipiell versteht man hierunter die Trennung einer racemischen Modifikation in die beiden reinen aktiven Enantiomeren.

Von den Methoden ohne asymmetrische Hilfsmittel sind in erster Linie zu nennen die Spaltung durch mechanisches Auslesen, wie es von PASTEUR an dem Natrium-Ammonium-Salz der Weinsäure durchgeführt worden ist.

Dieses Verfahren, dissymmetrische Kristalle auf Grund ihrer Form auszulesen, gelingt aber nur dann, wenn die Racemform als Konglomerat und nicht als Mischkristall vorliegt.

Ein weiteres Verfahren ist die Impfmethode, bei der der gesättigten Lösung eines Racemats ein sauberer Kristall des einen aktiven Enantiomeren zugesetzt wird. In der Mutterlauge verbleibt dann meist die andere enantiomere Form.

Schließlich kann auch die Gaschromatographie zur Trennung genügend flüchtiger Racemate eingesetzt werden.

Viel allgemeiner anwendbar, und seit PASTEUR bekannt, ist die Bildung und Trennung von Diastereoisomeren mit Hilfe von aktiven Säuren oder Basen. PASTEUR verwendete 1853 Cinchotoxin zur Trennung der optischen Isomeren der Weinsäure und gab damit ein Beispiel der Racematspaltung mit Hilfe einer Alkaloidbase. Dieses Grundprinzip zur Trennung eines (—)-Paares, beispielsweise einer racemischen Säure $(R) - A + (S) - A$ besteht in der Umsetzung mit einem chiralen Reagenz B beispielsweise mit einer Base $(R) - B$ oder $(S) - B$. Dieses Reagenz B ist das trennende Agens. Man erhält Diastereoisomere, die sich gewöhnlich durch fraktionierte Kristallisation, gelegentlich aber auch mit Hilfe anderer Methoden, z. B. durch fraktionierte Destillation oder durch Chromatographie, trennen lassen.

Schematisch kann man diesen Prozeß wie folgt formulieren:

$$(R) - A + (S) - A + 2(R) - B$$

$$\longrightarrow \begin{cases} \rightarrow (R) - A.(R) - B \quad (R) - A \\ \rightarrow (S) - A.(R) - A \quad (S) - A \end{cases}$$

Die Art des zu trennenden Agens hängt von der funktionellen Gruppe des zu spaltenden Racemates ab. Salze sind besonders günstige diastereomere Zwischenprodukte, da sie sich leicht und rasch bilden und zersetzen lassen. Wo sich Salze nicht direkt bilden können, versucht man daher oft, zunächst ein Derivat des Racemats herzustellen, das die Möglichkeit zur Salzbildung bietet.

Eine Methode, die häufig bei stickstoffhaltigen Produkten zum Ziele führt, ist die Trennung mit Tetraacetyl-D-glucose, die in ätherischer Lösung das Gemisch der beiden α-Phenyläthylamine in 98%iger Ausbeute zu trennen vermag.

Die Methoden mit milden selektiven Reaktionen werden hauptsächlich bei biologischen Umwandlungen genutzt. Hierzu werden bestimmte Bakterienstämme, wie *Pseudomonas testosteroni*, zur Trennung tricyklischer Intermediärprodukte oder *Cornybacterium simplex* verwendet. Schließlich müssen hier noch chromatographische Verfahren mit genannt werden, wenn man optisch aktive Adsorbentien verwendet. Als Diastereoisomere sollten die Adsorbate in ihrer Stabilität differieren, und damit an der Chromatographiesäule unterschiedlich schneller weiterwandern. Das gelingt heute mit optisch aktiven Ionen-Austauschern, aber auch bei der Papierchromatographie, bei der die Cellulose als optisch aktives Medium dient.

51.2. Konfigurationänderungen

Im Verlaufe von Synthesen ist es oft erforderlich, eine Konfigurationsumkehr an einem Zentrum zu erreichen. Es gibt zwei Arten von Konfigurationsumkehr. Meistens ist es notwendig, ein Diastereoisomeres in ein anderes Diastereomeres zu überführen (Epimerisierung), oder den nicht gewünschten optischen Antipoden nach einer Racematspaltung zu isomerisieren (Racemisierung).

51.3. Epimerisierungen

Während einer Synthese kann es vorkommen, daß sich ein Diastereoisomeres mit einer anderen als der erwarteten Konfiguration an einem oder mehreren chiralen Zentren bildet. Dieses Hindernis wird durch eine Epimerisierung behoben, die besonders bei reversiblen Reaktionen leicht durchführbar ist. Unter Epimerisierung versteht man demnach einen Konfigurationswechsel an einem chiralen Zentrum, in einer Verbindung, deren Molekel mehrere chirale Zentren enthält. Eine Epimerisierung kann und darf daher nicht mit einer Racemisierung verwechselt werden, eine Epimerisierung kann höchstens zu einem Diastereoisomeren führen. Die Epimerisierung beginnt allgemein mit einem tetragonalen asymmetrischen C-Atom, verläuft über den trigonalen Zustand und kehrt zum stabileren tetragonalen Zustand zurück.

Die klassischen Epimerisierungen von Substituenten, die in α-Stellung zu Carboxylgruppen stehen, durch Keto-Enol-Eautomerie werden hauptsächlich bei Totalsynthesen von Alkaloiden angewendet:

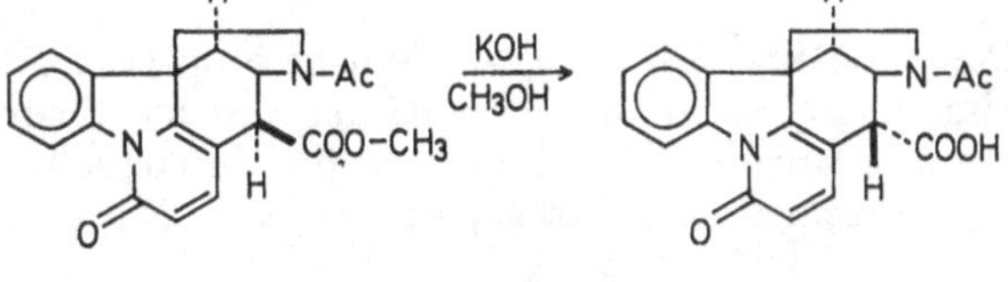

Eine wichtige Rolle spielte die Epimerisierung bei der Abklärung der Stereochemie von Oxindol-Alkaloiden, die beim Erwärmen mit Pyridin sowohl am C-3 als auch am C-7 epimerisieren konnten.

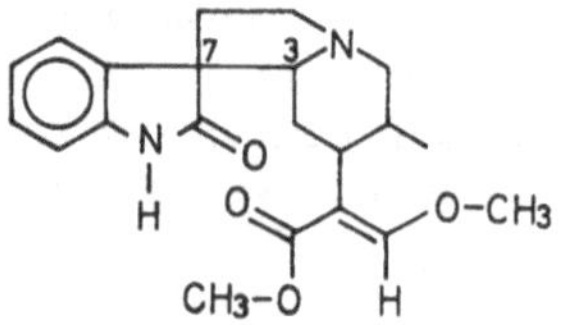

Reversible Redoxreaktionen werden ebenfalls oft zu Epimerisierungen benutzt. So kann bei der Reduktion einer Carbonylgruppe durch Aluminiumalkoholate bei einem Angriff auf die zugänglichere Seite ein Alkohol entstehen, der in den thermodynamisch stabileren umgewandelt wird. Weiter wird die Reversibilität einiger Kondensationsreaktionen genutzt, um chirale Zentren in der Form zu erzeugen, die einer stabileren Gesamtstruktur entspricht. Die Reversibilität der MANNICH-Reaktion ermöglicht z. B. Reaktionen bei Strychnin:

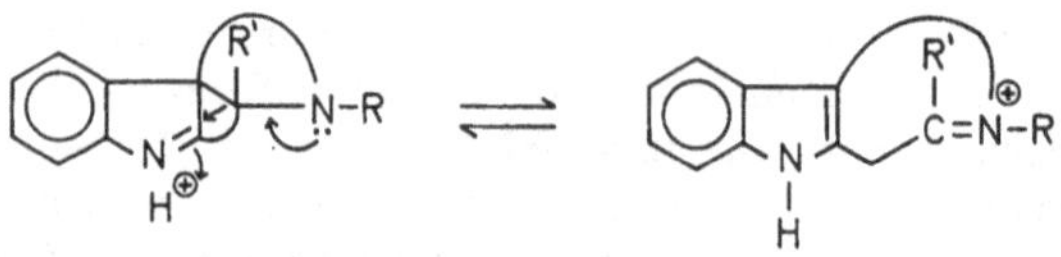

Und schließlich kann die S_N2-Substitution als eine indirekte Methode zur Inversion eines chiralen Zentrums angesehen werden.

51.4. Asymmetrische Synthese

Das Problem einer direkten Synthese optisch aktiver Verbindungen ohne Racematspaltung hat die Chemiker schon seit langem beschäftigt, und das Interesse ist mit dem Fortschritt bei Totalsynthesen von Naturstoffen noch gewachsen. Unter asymmetrischer Synthese versteht man die Schaffung eines chiralen Moleküls aus einem achiralen oder prochiralen Molekül. Diese Definition schließt selektive Reaktionen aus, die an bereits vorhandenen Antipoden in einem Racemat ausgeführt werden, und die zu den Racematspaltungen gehören.

Oder anders: eine Reaktion, bei der neue chirale Gruppierungen in ungleichen Mengen entstehen, bezeichnet man als asymmetrische Synthese.

Beispiele:

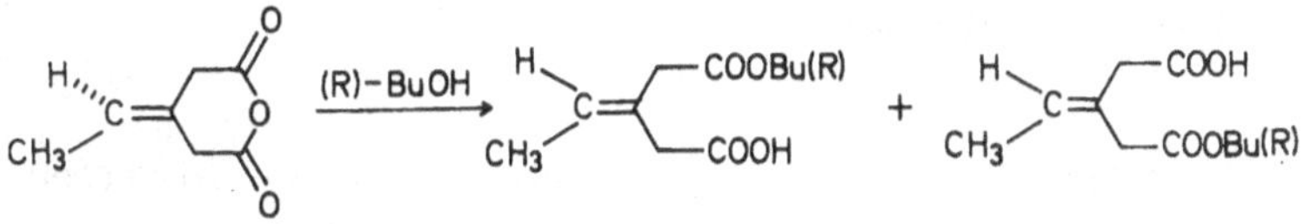

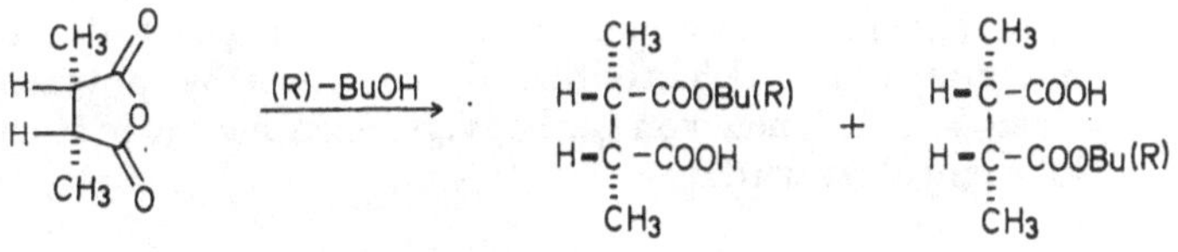

Es gibt direkte und indirekte Methoden der asymmetrischen Synthese. Bei der direkten Methode reagiert ein asymmetrisches Reagenz mit einem symmetrischen Molekül. Indirekte Methoden verlangen die vorangehende Angliederung einer asymmetrischen Hilfsverbindung, die dann die Reaktion eines symmetrischen Reagenz spezifisch beeinflußt.

51.4.1. Direkte asymmetrische Synthesen

Stereospezifische Reaktionen mit Hilfe asymmetrischer Katalysatoren sind oft versucht worden. Ein Beispiel ist die katalytische Hydrierung von Ketonen mit

Raney-Nickel, welches mit Aminosäuren behandelt wurde.

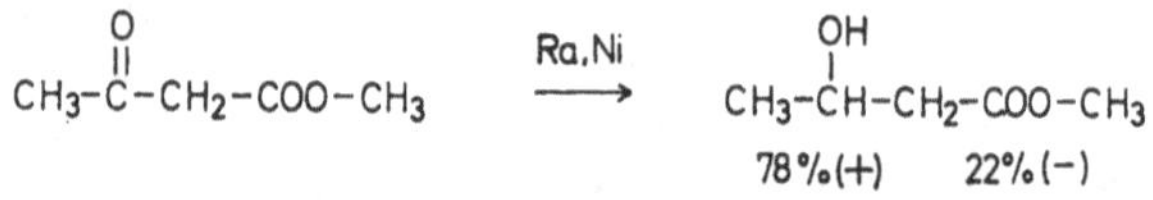

Mit Chinin als Katalysator entstehen bei der Kondensation von Keten mit einem Alkohol aktive Ester.

Durch Cyanhydrinsynthese aus Chlorbenzaldehyd in Gegenwart von Cyclodextrin ließ sich aktive Chlormandelsäure aufbauen.

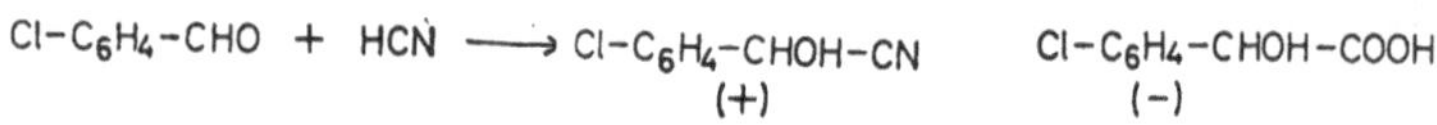

Besonders zu erwähnen ist die enzymatische Katalyse mit ihrer hohen Selektivität, die vor allem bei präparativen Reduktionen von Carbonylgruppen achiraler Moleküle eingesezt wird.

51.4.2. Indirekte asymmetrische Synthese

Bei den indirekten Methoden wird an das Molekül mit dem trigonalen C-Atom eine optisch aktive Hilfsbase angefügt, die nach der eigentlichen stereoselektiven Reaktion wieder abgespalten wird. Dieses Verfahren zeigt das folgende Schema, das die Herstellung des optisch aktiven Valins wiedergibt:

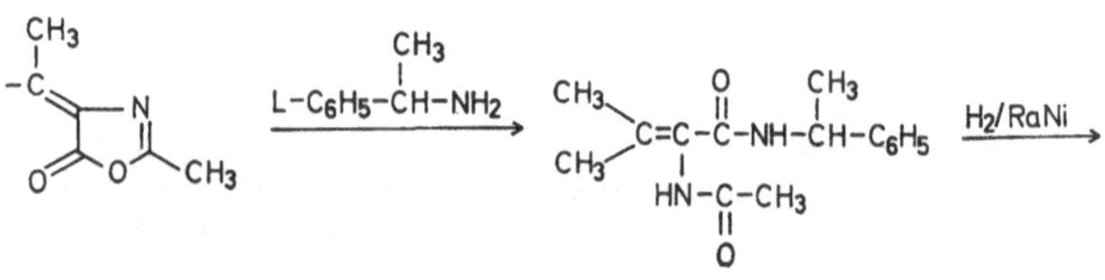

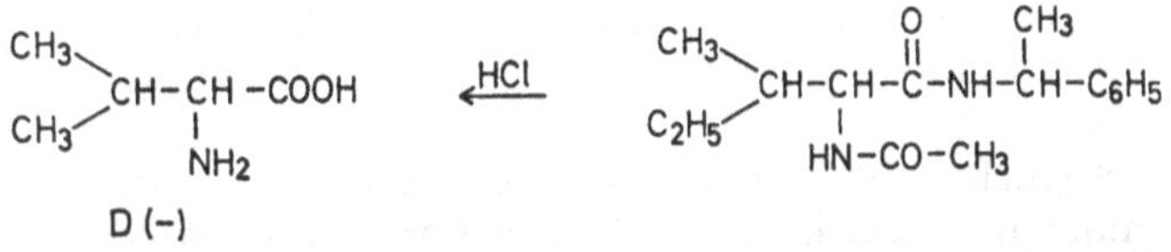

Asymmetrische Synthesen in biologischen Systemen haben einen besonders hohen Wirkungsgrad. Sie verlaufen an der Oberfläche von Enzymen, und ihre Stereoselektivität beträgt 100%. Die meisten nicht biologischen Umsetzungen bleiben weit dahinter zurück. So ergibt die asymmetrische Phosphorylierung von Glycerin mit Adenosintriphosphat (*ATP*) in Gegenwart des Enzyms Glycerokinase als einziges Produkt (*R*)-*α*-Glycerophosphat. Ähnlich liefert die asymmetrische Reduktion von [1-*D*]-Acetaldehyd mit reduziertem Nicotinamidadenindinucleotid (*NADH*) bei Mitwirkung der Alkohol-Dehydrogenase aus Hefe ausschließlich (*S*)-[1-*D*]-Äthanol, während bei der asymmetrischen Reduktion von Acetaldehyd mit dem deuterierten Coenzym (*NADD*) als einziges Produkt (*R*)-[1-*D*]-Äthanol ensteht. Für die hohe Stereoelektivität dieser Reduktion gibt die folgende Abbildung eine schematische Erklärung. Dieses Modell soll zum Ausdruck bringen, daß der Aldehyd fest an der

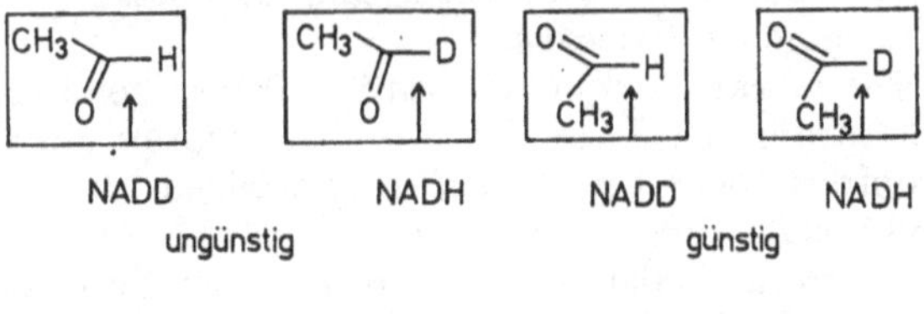

Enzymoberfläche gehalten wird. Da das Enzym chiral ist, und da der Angriff eines chiralen Reagenz an einem Substituenten eines *meso*-Atoms zu einem diastereomeren Übergangszustand führt, können die beiden Seiten der Carbonylgruppen nicht in gleicher Weise mit der Enzymoberfläche in Wechselwirkung treten. Sind die Unterschiede der Anordnungen groß genug, so erklären sie die

Stereoselektivität der asymmetrischen Reduktion. Die Funktion des Enzyms ist also die eines asymmetrischen Katalysators.

Betrachtet man das bisher Gesagte unter dem besonderen Blickwinkel, daß Stereoformeln unzweideutig und sich selbst erklärend sein sollten, so ergeben sich für die Wiedergabe einige Grundregeln, die nachfolgend zusammengefaßt sind.

| Eine dick aufgetragene Linie bedeutet im allgemeinen eine Bindung ,die zum Beobachter hindeutet unter der Bedingung, daß das Papier als Ebene betrachtet wird.

¦ Bedeutet dann eine unterbrochene Linie eine Bindung, die vom Beobachter wegdeutet.

| Wenn diese Konvention gilt, dann bedeutet eine mit normaler Stärke aufgetragene Linie eine Bindung in der Papierebene.

≀ Eine Wellenlinie bedeutet immer eine Bindung, deren Richtung entweder nicht bekannt ist oder nicht exakt bezeichnet werden soll.

⋮ Gepunktete Linien sollten grundsätzlich nicht genutzt werden; vor allem dann nicht, wenn in der gleichen Arbeit noch mesomere Grenzstrukturen angegeben werden müssen.

▲ Keile sollten nicht als Ergänzung zu unterbrochenen Linien genutzt werden.

● Dick markierte Punkte wurden früher genutzt zur Erklärung der Lage von Substituenten an Brückenkopfpositionen, z. B. bei ringförmigen und polycyklischen Ringverbindungen.

○ Hohlkreise bedeuten z. B. das dieser Substituent unterhalb der Papierebene angeordnet war, oder daß dieser Substituent vom Betrachter fort weist. Diese Schreibweise sollte nicht mehr genutzt werden.

Ringformeln werden meistens so gezeichnet, daß sie mit normaler Strichstärke wiedergegeben werden und damit in der Papierebene liegen sollten. Das ist aber eigentlich nie der Fall. In der folgenden Formel wird deutlich, daß in der ersten Formel die beiden Wasserstoffatome, die an der Ringverknüpfung der Ringe *A*/*B* beteiligt sind, weiter vom Betrachter entfernt sind, als die Kohlenstoffatome der Ringe *A* und *B* und die beiden Protonen zwischen den Ringen *B*/*C* näher zum Betrachter hindeuten, als die beiden C-Atome.

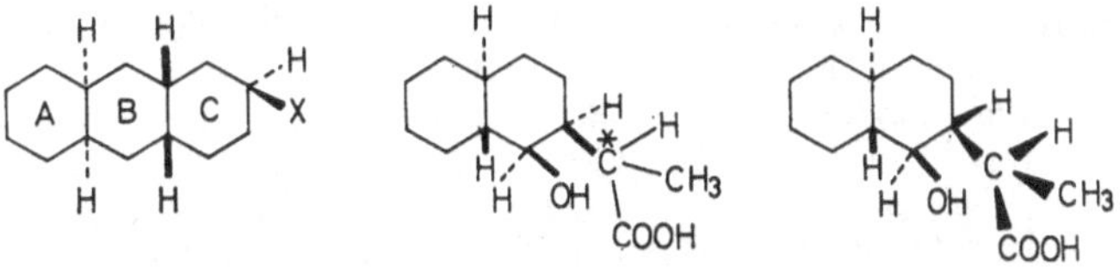

Zweideutig kann eine solche Formulierung aber werden, wenn es erforderlich wird, die Stereochemie einer Gruppe *X* am Ring besonders zu kennzeichnen. So weisen die Bedingungen am O- und C-Stern daraufhin, daß sie oberhalb der Papierebene angeordnet sind. Wenn nun die Stereochemie an diesem C-Stern aber selber angegeben werden müßte, so wäre für diese Bindung eigentlich eine unterbrochene Linie zu zeichnen. Um diesen Widerspruch aus der Welt zu schaffen, hat man vorgeschlagen, die in der dritten Formel wiedergegebene Schreibweise zu verwenden. Hier bedeutet, daß der breitere Teil des Keils zum Betrachter hindeutet und umgekehrt.

52. Literatur

E. L. Eliel: „*Stereochemie der Kohlenstoffverbindungen*", Verlag Chemie, Weinheim/Bergstraße, 1966

K. Mislow: „*Einführung in die Stereochemie*", Verlag Chemie Weinheim/Bergstraße, 1967

E. L. Eliel, N. L. Allinger, S. J. Angynal, G. A. Morrison: „*Conformational Analysis*", John Wiley u. Sons Inc., 1965

W. Klyne: „*Progress in Stereochemistry*", Bd. I u. II, Butterworths Scientific Publications, London, 1954

R. S. Cahn, C. K. Ingold, V. Prelog: „*The Specification of Asymmetric Configuration in Organic Chemistry*", Experentia, *XII* 81 (1956)

R. S. Cahn, C. K. Ingold, V. Prelog, „*Spezifikation der molekularen Chiralität*", Angew. Chem. **78**, 413 (1966)

„IUPAC — *Tentative Rules for the Nomenclature of Organic Chemistry*", Section E, Fundamental Stereochemistry J. Organ. Chem. **35**, 2849 (1970)

J. D. Dunitz, V. Prelog: „*Röntgenographisch bestimmte Konformationen und Reaktivität mittlerer Ringe*", Angew. Chem. **72**, 896 (1960)

P. Crabbé: „*Optical Rotatory Dispersion and Circular Dichroism in Organic Chemistry*", Holden Day, San Francisco, 1965

G. Snatzke: „*Optical Rotatory Dispersion and Circular Dichroism in Organic Chemistry*, Heyden u. Son, Ltd., London, 1967

Der Verfasser

- **vermittelt eine Einführung in die Stereochemie der organischen Chemie nebst der geometrischen und optischen Isomerie**

- **erläutert die Methoden der Konfigurations- und Konformationsanalyse**

- **vermittelt die Nomenklatur der modernen Stereochemie**

- **behandelt die Anwendungsmöglichkeiten der optischen Rotationsdispersion und der Circulardichrographie**

- **und bringt einige Ergebnisse der modernen präparativen Stereochemie sowie der anorganischen Stereochemie**

WISSENSCHAFTLICHE TASCHENBÜCHER

FSC
www.fsc.org
MIX
Papier | Fördert
gute Waldnutzung
FSC® C083411

Zeitfracht Medien GmbH
Ferdinand-Jühlke-Straße 7
99095 Erfurt, Deutschland
produktsicherheit@kolibri360.de